淡水养殖系列丛书

黄鳝养殖一月通

江苏省淡水水产研究所 组编

中国农业大学出版社
·北京·

图书在版编目(CIP)数据

黄鳝养殖一月通/江苏省淡水水产研究所组编. —北京:中国农业大学出版社,2010.7

ISBN 978-7-5655-0023-7

Ⅰ.①黄… Ⅱ.①江… Ⅲ.①黄鳝属-淡水养殖 Ⅳ.①S966.4

中国版本图书馆 CIP 数据核字(2010)第 100690 号

书　　名　黄鳝养殖一月通

作　　者　江苏省淡水水产研究所　组编

策划编辑	赵　中	**责任编辑**	李丽君
封面设计	郑　川	**责任校对**	王晓凤　陈　莹
出版发行	中国农业大学出版社		
社　　址	北京市海淀区圆明园西路 2 号	**邮政编码**	100193
电　　话	发行部 010-62818525,8625		读者服务部 010-62732336
	编辑部 010-62732617,2618		出　版　部 010-62733440
网　　址	http://www.cau.edu.cn/caup	**e-mail**	cbsszs@cau.edu.cn
经　　销	新华书店		
印　　刷	北京时代华都印刷有限公司		
版　　次	2010 年 7 月第 1 版　2012 年 7 月第 12 次印刷		
规　　格	850×1 168　32 开本　5 印张　120 千字		
定　　价	9.00 元		

图书如有质量问题本社发行部负责调换

丛 书 主 编　夏爱军

丛书副主编　唐建清　韩飞

本 书 作 者　严维辉　丁荣　周日东　杨金林

总　序

目前，我国淡水养殖业已由产量型向素质型转变，由解决“吃鱼难”向保障食物营养与安全转变，由丰富“菜篮子”向促进农业结构调整和农民增收转变；随着经济全球化的发展，更是面临着产业结构、贸易结构、产品质量、渔业资源和生态环境等变化。因此，水产养殖业能否提高产量和效益，主要看养殖生产者的观念能否与时俱进，随时代的变化而转变；以及能否选择好一个新品种，掌握好行之有效的新技术。

近年来，高效农业的快速推进，使得特种水产养殖业发展迅猛，河蟹、青虾、克氏原螯虾、罗氏沼虾、南美白对虾、中华鳖、鳜鱼、鲈鱼、河鲀、黄鳝、泥鳅等名特优新水产养殖品种已达到了规模化生产的水平，形成了自身的特点。各地在科技兴渔方针指导下，利用本地资源、特点和区域优势，大胆实践，勇于创新，新的养殖技术和模式不断涌现。为了促进水产养殖的健康可持续发展，推广新品种、新技术、新经验的应用，满足广大养殖生产者的需求，江苏省淡水水产研究所组织有关专家和学者撰稿，编写了这套“淡水养殖系列丛书”。该套丛书共计 11 本，较系统地介绍了河蟹、青虾、克氏原螯虾、罗氏沼虾、南美白对虾、中华鳖、鳜鱼、河鲀、黄鳝、泥鳅和大宗淡水鱼类等水产品种的养殖方法，融入近年来获得的水产科技新成果、新技术和新经验；内容科学，以实用技术为重点；语言力求通俗易懂，并配有原色图和示意图，以便读者理解、掌握和操作，适应不同层次读者的需要。“淡水养殖系列丛书”的出版发行，为水产养殖业者提供一套致富的有效工具书，也为从事水产养殖等有关专业的科技和教学人员提供有益的参考资料。

江苏省淡水水产研究所所长　夏爱军

2009年6月

前　言

黄鳝是我国分布较广泛的淡水名优经济鱼类，营浅水性底层生活，多栖息于稻田、沟渠、池塘、湖泊等浅水水域，其肉质细嫩，味道鲜美，营养丰富，富含 DHA、EPA 和其他药用成分，具有药用保健功能，是深受国内外消费者喜爱的美味和滋补保健食品。我国一直将黄鳝作为上等佳肴，江浙一带素有“无鳝不成席”的说法，出口需求量也日益攀升。

目前市场上的黄鳝主要来自野生资源，但黄鳝自然增殖率很低，加之人为的过度捕捞、农药毒害和环境污染，野生资源越来越少，已经不能满足市场的需求，更不足以向国外市场出口，开展人工养殖黄鳝无疑是解决市场需求的一条有效途径。

近年来受市场需求的刺激，发展黄鳝养殖的热潮已经兴起，群众性的人工黄鳝养殖已渐成规模，养殖模式多种多样，养殖技术、苗种繁育技术、配合饲料的研究和病虫害防治技术上均有很大的突破，极大地促进了我国黄鳝养殖产业的发展。

本书是作者们在多年从事黄鳝养殖实践、科研、技术推广工作的基础上，查阅了大量资料，汇编整理了科技人员在有关黄鳝科研应用方面所取得的新成果及养殖实例编写而成的。

由于时间紧迫，缺点和错误在所难免，望广大读者批评指正。

对于本书引用的有关文献的作者们，在此表示衷心感谢！

编　者

2009 年 6 月

目　　录

第一章　概　　述

黄鳝(*Monopterus albus*),古代称为鳝鱼,俗称鳝鱼、长鱼、罗鳝、无鳞公子等。在鱼类分类学上属合鳃目,合鳃科,黄鳝亚科,黄鳝属。该科鱼所属的种数极少。

黄鳝是一种亚热带淡水鱼类,分布很广,在我国除西北和西南部分地区未见分布外,无论大江南北,凡有水源之处,都有黄鳝的天然分布。尤其在珠江流域和长江流域的各干支流、湖泊、水库、池沼、沟渠和稻田中更为常见。南方各省(如江苏、浙江、安徽、江西、广东、湖南、湖北等)气候较暖,产量较高,是黄鳝的主要产区。在国外,多分布在朝鲜南部、日本琉球群岛、泰国、马来西亚、印度尼西亚、菲律宾等地。

黄鳝肉质爽滑,味道鲜美,营养丰富,药用价值高,是深受国内外消费者喜爱的美味佳肴和滋补保健食品。我国南方菜馆将黄鳝作为上等菜肴,江浙一带素有"无鳝不成席"的说法,无锡的"脆鳝"、镇江的"鳝丝"更是闻名全国。据分析,每 100 克黄鳝肉中,含蛋白质 18.8 克,脂肪 0.9 克,钙 38 毫克,磷 150 毫克,铁 1.6 毫克;含水溶性维生素核黄素 0.95 克,硫胺素 0.02 克,尼克酸 3.1 毫克,抗坏血酸 0.014 毫克;另外,还含有丰富的脂溶性维生素 A、维生素 D 等。每 100 克鳝肉中含热量为 347.5 千焦(83 千卡),表明其具有较高的营养价值。黄鳝肉中蛋氨酸含量较多,食用鳝肉,可补充谷类氨基酸组成的不足。在 30 多种常见淡水鱼中黄鳝蛋白质含量,仅次于鲤鱼和青鱼,钙和铁的含量居首位。黄鳝的可食部分一般在 70%以上,高于一般的淡水鱼类。黄鳝的滋补作用早为人们所了解,俗话说:"小暑黄鳝赛人参"。至于其药用价值,我国古代医书上早有记载，唐代孟诜的《食疗本草》中，对黄鳝有“补五脏，逐风邪、疗湿风恶气”的记述。元朝朱丹溪的《本草衍义》中，对黄鳝的“善补气，妇人产后宜食”的记载。明代缪希雍的《本草经疏》中，对黄鳝有“鳝鱼味甘，性大温，能补中益血，通经脉，疗风邪”之说。清朝黄宫绣在《本草纲目求真》里说得就更加详尽：“鳝鱼……能通经达络，治十二经风邪，并治耳目诸窍之病，又能治妇人产后恶露淋沥不止和肠鸣、湿痹、老人虚痢，又治男性阳痿、不能续嗣。”据现代医学界对黄鳝的药用价值研究表明，黄鳝富含维生素 A、卵磷脂、DHA，黄鳝的肉、皮骨、血均可入药，有补血补气、补中益智、滋补五脏、治虚劳消瘦、强壮筋骨、疏散风湿、除去狐臭等功效。特别对治疗颜面神经麻痹及中耳炎疗效显著，对口眼歪斜、产后淋沥、内痔出血、下痢脓血、阳痿、痘毒、鼻衄等均有一定疗效。值得一提的是从黄鳝中提取的黄鳝鱼素，具有降血糖和恢复调节血糖生理机能的作用，对糖尿病有良好的治疗作用。近年来，韩国利用鳝皮代替蛇皮制革，价格昂贵，且深受消费者的欢迎。

在我国，黄鳝以往多产自天然水域中，仅靠其自生自长，产量增长率很低，不能满足市场需要，更不足以向国外市场出口。近年来，作为商品鳝主要产地的广大水稻田，因耕作制度的变更和农药的大量使用，其资源锐减，产量日趋下降。据有关资料显示，我国黄鳝的自然资源已从 20 世纪 60 年代的平均每公顷水面产量 90 千克降至目前的每公顷产量不到 1.5 千克，且不少地区已濒临绝迹。为适应国内外市场的需要，除了设法保护和增殖天然资源外，无疑开展人工养殖是一条有效的途径。为此，国内不少地区都曾进行了黄鳝养殖探索，80 年代主要是在小土池、水泥池利用季节差价进行囤养、暂养，因水质难以控制，投饵不当，导致鳝病多发，且由于黄鳝个体悬殊太大，相互吞食现象十分普遍，成功者较少，挫伤了群众养殖的积极性。90 年代初，先后涌现了稻田养殖、流水鳝蚓合养、流水养殖等方式，但终因存在着起捕力低、固定投资大等因素，没有在生产上大面积推广。1994 年后，湖南常德、浙江湖州、湖北仙桃、江苏滆湖等地先后开展了网箱养鳝试验，取得了较好的效果。如江苏省滆湖农场 1998 年采用池塘内放置中型网箱(规格为 10 米×3 米×1.5 米)进行网箱养鳝，获得成功。120 只网箱养鳝面积计 3 600 米^2(每只网箱面积 30 米^2)，共投放鳝种 6 000 千克，产商品鳝鱼 1.25 万千克，收入 70 万元，获纯利润 50 多万元，取得了较高的产量和显著的经济效益。网箱养鳝目前在上述地区已形成一定的生产规模。

随着目前野生黄鳝资源逐渐减少，市场供需矛盾日渐突出，人工养殖黄鳝已成为特种水产业发展的必然趋势，预测近几年在珍珠热、鳗鱼热、甲鱼热、河蟹热之后，黄鳝作为具有广阔市场前景的优良养殖对象，将成为新的养殖和加工热点水产品。人工养殖黄鳝具有占地面积少、管理方便、成本低、经济效益显著等众多优点，正日益受到生产者的青睐。可以预料，随着黄鳝养殖技术的进一步完善和提高，黄鳝养殖业将在我国掀起一个新的热潮。

第二章　黄鳝养殖业的发展及现状

一、市场要素及相关背景材料分析

黄鳝是深受国内外消费者喜爱的美味佳肴和滋补保健食品，其可食部分达90%以上，蛋白质含量更是高居众多水产品之首。鳝鱼体内含有丰富的人体必需氨基酸和微量元素，是目前较为理想的健康食品。江苏、浙江、上海等地将黄鳝作为家庭膳食不可或缺的组成成分，而这一风气正向全国蔓延，正因为如此，国内市场鳝鱼异常畅销。据《中国水产》等权威资料调查表明，目前国内市场总需求量近300万吨左右，港澳地区的需求也呈增长趋势。鳝鱼不仅在国内畅销，也是国际热销的水产品之一，日本、韩国每年需进口20万吨左右。同时，由于鳝鱼体内富含DHA和药用成分，在深加工和保健品开发上具有极大的发展潜力。可以肯定，黄鳝已成为目前乃至今后相当长时间内深为紧俏的国民消费品。

1. 国内市场需求情况

目前，供应黄鳝市场的主要货源渠道来自于野生捕捞，以及一定数量囤养野生黄鳝进行反季节销售。由于自然栖息黄鳝的特殊生活习性，野生捕捞在冬季将不能有效进行，从而造成冬季市场货源供应处于严重紧缺状态。市场调查分析，仅沪、宁、杭的长江三角洲地区日缺口就达100吨以上。

2. 价格情况

由于黄鳝自然资源的日趋减少和市场需求的增大，近几年，国内黄鳝市场批发价每年同期呈稳步增长趋势。

目前，冬季市场批量成交价格情况如下：

甲级黄鳝(100 克以上)	6 万～7 万元/吨
乙级黄鳝(50～100 克)	4 万～5 万元/吨
丙级黄鳝(50 克以下)	2 万～3 万元/吨

3. 市场发展情况

黄鳝的自然资源在我国原本极为丰富，由于受市场需求及价格增长的影响，近年来野生捕捞正日益加剧，笼捕、电捕、药捕等方式并用，加之农村农药、化肥的大量使用，野生资源的数量正呈几何数字下降。国内除四川、湖南、湖北尚有一定数量分布，其他地区的野生黄鳝资源已被大量破坏，预计 4～5 年后野生黄鳝资源将可能步野生甲鱼、螃蟹、乌鱼、鳗鱼等后尘。而另一方面，国内、国外的市场需求却呈增长趋势，因此市场供应紧张状况将进一步加剧，其直接结果将导致价格的暴涨。

二、国内黄鳝养殖现状

黄鳝产业虽是我国淡水渔业的新兴产业，但发展势头十分迅猛，已成为当前农村一个新的经济增长点。黄鳝养殖之所以在短期内如此快速的发展是因为具有四大显著特点：一是技术工艺易被群众接受，符合我国当前农渔民对技术吸纳水平的文化程度；二是养殖方式可以实现多样化，既可以进行规模化的大面积生产，又适合千家万户的分散经营，既可以在池塘、湖泊中设置网箱养殖，也可在水泥池、稻田等水域直接养殖；三是国家各级政府部门十分重视对其养殖技术、养殖模式的研究和推广普及；四是能够做到当年投资、当年受益，而且具有较高的经济回报率。

综观国内近几年黄鳝养殖现状，其主要的养殖方式有水泥池养殖、网箱养殖、稻田养殖等。从技术角度分析，其养殖方式大多为以获取季节差价的囤养方式，即将野生黄鳝在低价位时囤集起来，在高价位时销售。其囤养成效表现为负增长和零增长。由于技术含量低，管理方式缺乏规范，高回报和高风险并驾齐驱。亟须技术投入和建立专业化配套服务体系。

目前国内黄鳝养殖的主要特点：

1. 科研落后于生产的局面有所改善

在我国黄鳝人工养殖的历史较短，但各地对黄鳝养殖、繁殖、营养需求等方面研究的力度很大，新技术、新经验、相关的科研项目的实施比以前大为增加，成果转化为生产力的速度大大加快，黄鳝养殖的科技含量大为提高，大大改变了科技落后于生产的被动局面。

2. 规模化、集约化养殖呈现良好势头

传统的零星单池小生产养殖近年来逐步被集约化规模养殖所替代，因其具有良好的经济效益，深受广大养殖户的喜爱。以前黄鳝的养殖只是群众利用空余的面积开展零星的养殖，而现在有大批量的社会力量、社会资金投入到黄鳝养殖业中来，开展了批量性生产经营。

3. 黄鳝在国际市场的地位日益提高

据国际市场反馈的信息显示，黄鳝在美国的需求状况是供不应求，市场的潜力很大。

4. 加工业已经有所起步

以前，黄鳝的消费结构呈单一性，而以黄鳝为主要原料的诸如各种烤制食品、速冻食品、罐头食品及保健品等多品种系列化深加工产品尚未得到开发，多元化的消费结构还没有形成。现在，除鲜活黄鳝出口外，黄鳝的加工业已越来越引起重视，出现了烤黄鳝串、罐头、加工好的鳝丝和鳝段等。

5. 信息化促进了黄鳝产业的发展

现代信息推进了黄鳝业的快速发展，水产科研部门和广大的生产者开始重视产业信息，不少的公司、专业大户都先后建立了黄鳝产、供、销网页和网址，将产品及苗种等信息搬上了互联网，大大拓展了发展空间。

6. 技术保障和服务体系

全新的高效养殖技术保障及配套服务体系的建立与市场状况所形成的良好机遇，共同缔造了黄鳝规模养殖的广阔空间。

三、存在的主要问题

1. 种苗生产落后制约了黄鳝产业的发展

种苗是生产的基础。黄鳝的相对怀卵量较少，人工繁殖技术难度较大，规模化人工繁育受到了限制，目前黄鳝养殖的种苗来源大部分依靠天然野生资源，近年来由于农药的大量使用、工业污染、人为环境改造等因素加剧了黄鳝野生资源的衰退，天然捕捉量越来越少，必须引起重视，对野生黄鳝资源保护的力度要加大。

2. 配合饲料研制进展缓慢

由于黄鳝的食性比较特殊，仅仅依靠鲜活的生物饵料不能满足规模化生产的需要，同时投喂鲜活饵料养殖的成本相对较高，在规模化黄鳝养殖中投喂专用配合饵料是大势所趋，但目前黄鳝全价颗粒饵料的研制仍处于初级阶段，制约了黄鳝规模化养殖的发展。

3. 疾病防治技术难度大

随着黄鳝集约化养殖的发展，单位水体的产量是越来越高，鳝病越来越多，据资料报道，目前各类鳝病已近 30 种，但防治的手段相对较少，制约了黄鳝养殖业的进一步发展。

4. 集约化养殖程度有待提高

我国目前集约化黄鳝养殖的单产在 10～20 千克/米^2，而日本、新加坡等国开发的立体集约化养鳝单产能达到 50 千克/米^2 左右。

第三章 黄鳝的形态结构

一、外部形态

黄鳝体呈鳗形，前端管状，横断面近于圆形，尾部侧扁，尾端则尖细(图 1)。体长为体高的 21.7～27.7 倍，为头长的 10.8～13.7 倍，头长为吻长的 4.5～6.1 倍。体表无鳞，呈全裸状态。无胸鳍、腹鳍，背鳍和臀鳍退化成低皮褶，与尾鳍相近，尾鳍小。侧线发达，略凹于体表。体背部多为黄褐色或青褐色，布有黑色小斑点。腹部橙黄色，有淡色小斑点，其体表软滑而富有黏液。

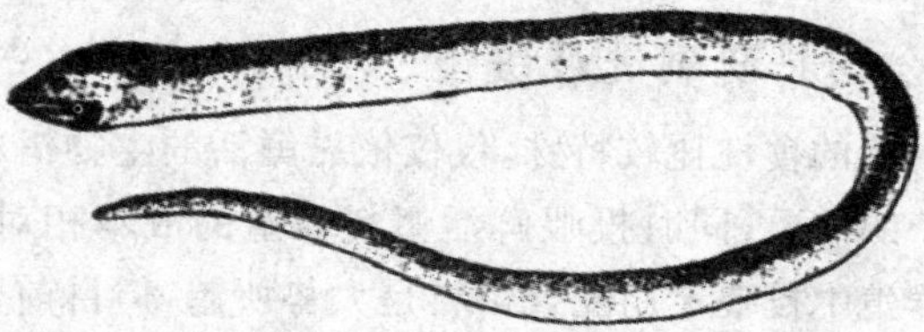

图 1 黄鳝外部形态图

黄鳝头部较大，呈锥形，口大，端位和上颌较突出，上、下唇发达，口裂后方延伸达眼的后缘。上、下颌具有细小的颌齿，呈圆锥形，咽喉部具有细齿，上咽齿和下咽齿为绒毛状，排列不规则，大小也不一致。视觉退化，眼极小，为皮膜所覆盖，眼与吻间两侧有鼻孔两对。前鼻孔位于吻端，后鼻孔位于眼前缘上方。鳃严重退化，但仍有鳃 3 对，无鳃耙，鳃丝极短，呈羽毛状，有 21～25 条。左右鳃孔在头部腹面连接呈“V”字形的裂缝。黄鳝身体由骨骼、肌肉及消化、呼吸、循环、排泄、生殖、神经、感觉和内分泌等组织和器官构成。

二、内部结构

1. 黄鳝的骨骼系统

黄鳝的骨骼主要指脊柱和头骨组成的中轴骨骼，附肢骨骼仅残剩小部分。脊柱由 100～180 个脊椎组成，分躯干椎和尾椎两部分，躯干椎 94～102 枚，常见数为 95 枚；尾椎 46～86 枚，常见数为 73 枚。躯干椎第 1 椎较小，髓弓及髓棘也较短，椎体前凸后凹，凹出面嵌入基枕骨后面的凹陷处，凹入两侧与第 2 椎的椎体相关节。髓弓的前关节突与基枕骨凹陷面上方的一对小型突起相关节，后关节突则与第 2 椎的前关节突相关节。从第 2 椎开始，椎体均为两凹形，髓棘也较长。椎体的腹侧有一对横突，其基部宽，前端尖细，并附着细小的肋骨。肋骨纵行，与横突相交呈直角，为背肋或叫上肋骨。随后的两个躯干椎，其横突的先端分叉，上肢较小为侧突，下肢较大伸向腹面为脉，无下肋骨。尾椎结构与躯干椎相同，但左、右脉弓会合成脉棘，侧突仍然很明显，髓棘和脉棘侧扁，先端分叉。尾椎从第 1 椎起越往后椎体越小，接近尾部末端的椎体极小，几乎不能辨认。组成脊柱的脊椎骨数量因个体生长发育的情况不同而有变化。通常个体长大，脊椎骨数量增多，主要是尾椎骨数量逐渐增多。

头骨为长方形，其长度约为宽度的 2.9 倍，高度的 2.2 倍，骨片坚实。黄鳝的眼极小，只有极薄的眼肌将眼球着于头骨前端背侧的凹陷处，没有明显的眼窝和围眼眶骨。头骨后端两侧附有菱形的后颌骨，与上锁骨相接，上、下颌骨均狭长，上面着生许多细小的牙齿。头骨又分脑颅和咽颅两部分。

脑颅：脑颅的前段狭长，后段稍宽，后段容有小型的颅腔。颅腔背面沿背中线由前向后依次为中筛骨、外筛骨、额骨和上枕骨。

中筛骨细长，两旁附着一对鳞片状的薄骨片为鼻骨。中筛骨后面的一对外筛骨呈“丫”形，两臂外展，其基部插入两块额骨的前端。额骨狭长，后端略宽与上枕骨相接。上枕骨呈蝶形，背面正中突出如棱，较上枕骨略突。在上枕骨的两侧，前面是顶骨，中间是上耳骨，后面是外枕骨。顶骨和上枕骨很小，其外缘分别为蝶耳骨及翼耳骨。蝶耳骨有一个突起伸向外侧。翼耳骨狭长，其后端附着一块极小的颞骨。脑颅的腹面由前向后依次为犁骨、副蝶骨、基蝶骨和基枕骨。犁骨很小，副蝶骨细长，覆盖着基蝶骨的前端。基蝶骨的后端较宽，与基枕骨相接，其两侧为翼蝶骨和前耳骨。从脑颅的侧面来看，外筛骨、额骨的两侧分别与副蝶骨和基蝶骨相缝合，蝶耳骨和翼耳骨的外缘，附着舌颌骨和前鳃盖骨。前鳃盖骨狭长，其前缘傍着后翼骨的上面及方骨下面。后缘靠着鳃盖骨。在前鳃盖骨和鳃盖骨之间及鳃盖骨的下面分别有一块小而薄的骨为间鳃盖骨和下鳃盖骨。

咽颅：咽颅的前颌骨细长，腹缘有细齿，其背面有前面狭长、后端较宽的上颌骨；上颌骨与前颌骨平行，仅后端伸出于前颌骨之后，无齿。腭骨很厚，其前端和后缘有细齿，后面紧接着后翼骨（上面）和方骨（下面）。腭骨和后翼骨的背缘与副蝶骨、翼蝶骨或再与额骨相固结在一起，方骨后端的腹部伸出一个突起，与下面的关节骨相关节。前颌大而坚实，由齿骨、关节骨、隅骨组成。齿骨上有多排较大排列较密的细齿。关节骨的背面有一凹陷与方骨相关节。舌颌骨呈方形，有 4 个小突起，背面 2 个和蝶耳骨、翼耳骨相连，腹面前端的 1 个与续骨相接，后端的 1 个与鳃盖骨相关节。黄鳝的腭骨、后翼骨、方骨和脑颅愈合固结在一起，舌颌骨通过续骨和方骨相连，方骨再与下颌相关节。这种颌接式为双接型。舌弓的正中是一根细长纵行的基舌骨，位于口咽腔的底壁，上面覆有黏膜，突出于口咽腔，为不活动的舌。在基舌骨中段的两侧，各附着由下舌骨、角舌骨、上舌骨和间舌骨组成的骨弓，其中角舌骨最大，上面附着6根鳃皮骨。上舌骨和间舌骨很小，弓向背面，以韧带牵附于舌颌骨及前鳃盖骨之间。在鳃弓的后面，有1对较大的且呈弓形弯曲的锁骨，左右紧密相连于头部的腹面。锁骨的背面有较小的上锁骨。上锁骨与菱形的后颞骨相连，后颞骨又与脑颅外枕骨的突起相关节。黄鳝虽无胸鳍，却保留着上锁骨和锁骨。可见，无胸鳍是一种次生现象。

由于上肋骨有支持肌节的作用，使肌节有较强大的屈伸力量，代替了尾鳍的摆动，黄鳝的奇鳍、偶鳍皆退化。

黄鳝的附肢骨骼极为退化，带骨仅肩带骨残留上锁骨、锁骨和后锁骨，而肩带的最上方与分叉的后颞骨关连，后颞骨接于颅骨的翼耳骨和上耳骨之间。黄鳝的鳃极不发达，基鳃骨只有1块，与其他种类有所差异。

黄鳝的其他游离肢骨全部缺无。

2.黄鳝的消化系统

剖开黄鳝的体腔，可见内脏器官均呈细长形，与它细长的体形相配合。黄鳝主食水中的小动物，它的下颌肌坚强。前颌骨、齿骨、腭骨及第3～5鳃弓上均有细小牙齿，用以捕取及扣留食物。口咽腔以后为细长而直的消化管，直贯体腔，开口于肛门。消化管有一处有环行缢痕，外表上很难区分各个部分，剖开管壁观察内部，可见前端部分内壁有许多条狭细的纵行皱褶，突出于消化腔的一段是食道；皱褶逐渐加粗，会合成5条；终止于紧缢的幽门括约肌的一段是胃；胃以后的部分，管内壁有细小的网状褶突的是小肠，最后一段内壁光滑的是大肠。各段内壁的黏膜组织的特点和它们的功能相适应。在消化管的腹面右侧有一个长形的黄褐色腺体是肝脏。肝脏的前端较细，起始于心脏的围心囊的后面；后端渐粗，末端包埋着一个暗绿色长椭圆形的胆囊。在肝脏的后面有前、后排列的两叶暗红色扁平腺体为脾脏。

3. 黄鳝的呼吸器官

口咽腔的腹壁有左右成对的狭缝为鳃裂。第1～3鳃弓上有粗短的鳃丝，面向着鳃室。鳃不发达，但其口腔及喉腔的内壁表皮有微血管网，通过口咽腔表皮直接呼吸空气，即口咽腔及肠呼吸以补充鳃的呼吸不足。

4. 黄鳝的感觉器官和神经系统

感觉器官分嗅觉器、视觉器、侧线及位听感受器；神经系统分脑、脊髓、脑神经和脊神经。

嗅觉器：在头部前端有一对嗅囊，以吻端的前鼻孔及眼球前上方的后鼻与外界相通，水流由此出入。从嗅囊的嗅黏膜通出一对嗅神经，向后直达大脑前方的嗅叶。

视觉器：眼球被透明的皮膜即结膜所掩盖。视神经从眼球后方通出到间脑的腹面，极细小，不易观察。

侧线及位听感受器：侧线明显，位在身体两侧。侧线神经很长，沿水平肌间隔纵行并分支，与侧线感受器相联系。内耳位在头部耳囊分布于内耳的3个半规管很大。椭圆囊、球囊均较小。平衡觉及听觉比较灵敏。

脑和脊髓：脑很小，背面由前向后为嗅叶、大脑、中脑视叶、小脑和延脑。嗅叶很小，球形，位在大脑的前方，前面有一对长的嗅神经。大脑较嗅叶大，中央有纵行浅沟分成两个椭圆形半球。顶壁薄，腹壁较厚。间脑被大脑半球所掩盖。中脑视叶较小，呈椭圆形。小脑前宽后窄，向背面突出。小脑后面一对椭圆形的突出部及其后端较宽的部分是延脑，呈椭圆形。延脑后面的脊髓是细长扁圆柱形的神经管，一直伸到末端的尾椎。脊髓越向后越细。从脑的腹面看，一对嗅叶后面是大脑。间脑的正中腹面突出一个卵圆形的脑垂体，一个圆形极小的血管囊。两侧为椭圆形的下叶，其后为中脑、小脑、延脑组成白脑干，脑干后面是脊髓。

脑神经和脊神经:从脑发出的脑神经中较粗大而明显的是嗅神经、颜面神经和迷走神经。视神经、动眼神经、滑车神经和外旋神经,因眼肌退化而极小。三叉神经比较长,分作眼支、上颌支、下颌支分支,与颜面神经并行也不易分辨。颜面神经又分出眼支、颊支或上颌支等5支,分布于头部、吻端、上下颌、腭部、舌弓、鳃盖等处的皮肤黏膜和肌肉,是较大的混合神经。听神经很短,通入骨质耳囊,分布于内耳。舌咽神经分布于咽壁及第1鳃弓。迷走神经也是多分支的大神经,除分支到咽壁及第2～5鳃弓外,又分布出很长的侧线神经,沿体侧的侧线纵行,直到尾部,还有许多内脏神经支分布到消化管的前端和心脏等处。从脊髓发出的脊神经很多,按节排列分出背支、腹支和内脏支,分布于体壁背,腹面的皮肤和肌节,并与交感神经系统相交。

5. 黄鳝的泌尿生殖系统

由于黄鳝具有性逆转的奇特生物现象,使人们对黄鳝的泌尿生殖系统倍加关注。吸引不少生物学专家对此"阴阳之变"进行研究探讨。几十年来虽然在形态结构,生理变化方面有所了解,但是性逆转的机理,何以雌雄同体"先阴后阳"等,仍然是个谜,为学者专家们努力研究探讨的课题。

黄鳝的泌尿生殖系统由肾脏、膀胱和性腺组成。一对暗红色长带状的肾脏,位于体腔的背壁、脊柱腹面的两旁;约自肝脏前端起,一直伸展到躯干部的末端。肾脏的后端较宽,并左右愈合。从其腹面通出细长的输尿管,连接一根较粗并伸向前方的盲囊,即是膀胱,输尿管向后通入肛门后方的泌尿生殖孔。其形态构造及功能如下:

肾脏:黄鳝肾脏分为头肾、中肾。分左右两肾叶。深红色,位于体腔背侧,紧贴脊椎。肾脏细长,呈"丫"形,前部分离,后部联合。两肾头约起于第19脊椎,靠近心脏。肾联合约发生在第27脊椎处。在肛门前第10脊椎处,肾脏骤然缩小,形成终端。从中肾的横切面看，中肾主要由肾小体、肾小管、集合管、中肾管以及大量的造血细胞等组成。每个肾小体及其所连的肾小管组成一个肾单位，即肾脏排泄的功能单位。在黄鳝肾脏的横切面上所见的肾单位不多，在肾脏的中、后段更少，甚至没有。肾小体分布于肾脏背缘和两侧缘，在中央和腹缘很少。每个肾叶中的肾小管或多或少呈放射状排列。在切面上可见到许多肾小管各部的纵行节段和横断面。肾小管都向各肾叶腹内侧的中肾管集中。在肾小管、集合管较集中的部位，有成群的细胞围绕着肾小管和集合管。这些细胞具有明显的淋巴细胞特征，这些淋巴细胞连同呈放射状排列的小管，将每个肾叶又分成 9 个肾小叶，也有分叶不明显的。在肾小叶内具有大量红细胞样细胞。它们排列紧密，大多呈多边形。并为肾被膜延伸进来的结缔组织所分隔。在中肾渐靠近头肾，无肾单位区域逐渐增大。由淋巴细胞形成细胞索，索与索之间交错相连，形成许多隧道样结构，大量的红细胞样细胞充塞其间。这些细胞与血管中见到的红细胞极为相似，尤其在头肾更为明显。黄鳝头肾组织无肾单位，由结缔组织形成大小不一的网眼和造血组织；此外，还有一些管径大的血管状结构。在完整的结构中可见密集的红细胞和散在的淋巴细胞。这些细胞即是黑色素巨噬细胞中心。因此，可以推测这些血管状结构内的血细胞尚未参与血液循环，并与中肾组织有特殊联系。

膀胱：肾脏左腹侧的管囊结构，呈乳白色，细长形为管囊状膀胱。约起于第 68 脊椎，脾脏左侧，前端为一盲端，有一小段游离。随之，便有系膜与肾脏相连。由于系膜较宽，故管囊前段可在体腔内移动。管囊中段与肾脏紧密相连，后段与粗大的尾静脉并行。该管囊开口于泌尿泄殖孔，并有小管道（中肾管）紧连肾尾，此处的管囊内表面背侧有一明显的纵行隆起，由来自肾脏的小管进入该管囊壁内所致。

生殖器官：黄鳝雌性个体在繁殖季节，有一个充满黄色卵粒的细长带状的卵巢，约从肝脏后端起一直伸展到肛门附近，以极短的输卵管开口于泌尿生殖孔。不同于一般动物的是，黄鳝的卵巢产完一次卵后就逐渐变为精巢。而生殖腺的发育也很特殊。人们一般认为，黄鳝左侧的生殖腺发达，而右侧的生殖腺退化。黄鳝的生殖腺仅 1 个，除极少数在腹腔的左侧外，均位于腹腔右侧，腹腔左侧是一条长管囊状膀胱。其发育情况是：在黄鳝生殖腺发育一开始，为一对对称的生殖腺；出膜一段时间，对称性腺向右偏；发育到 1 个月时，左右生殖腺合二为一，形成一中间具结缔组织纵隔的生殖腺；出膜后 2 个月左右，生殖腺中间结缔组织纵隔消失；黄鳝出膜 4 个月左右，生殖腺分化结束，形成右侧单一生殖腺；出膜后 5 个月左右，单一生殖腺外观与 4 个月左右时长度差不多，但明显增粗，生殖腺内充满不同时相的卵母细胞，也明显增大，进而形成成体生殖腺为卵巢。黄鳝的性腺发育过程非常特殊，即先雌后雄。生殖腺早期向雌性方向分化，性成熟产过一次卵后，即向雄性方向分化，再以后终身为雄性。在自然环境中一般情况是：体长 24 厘米以下的个体均为雌性；24～30 厘米个体雌性仍占 90％以上；30～36 厘米的个体雌性占 60％左右；36～38 厘米个体雌性占 50％；38～42 厘米个体雄性占到 80％左右；53 厘米以上个体几乎绝大部分为雄性。

第四章　黄鳝的生态习性

一、生活习性

1. 天然水域中的分布和栖息环境

黄鳝属亚热带鱼类，广泛分布于亚洲东部及南部的中国、朝鲜、日本、泰国、越南、缅甸、印度尼西亚、马来西亚、菲律宾等国。我国除青藏高原以外，全国各水系都有出产，但以长江流域的四川、湖南、湖北、江西、安徽、江苏、浙江、上海及珠江流域的广东、广西资源量最丰富。但是，由于黄鳝具有较高的营养、药用和开发利用价值，在国内外市场供不应求，各产区的人工大量捕捉，一些地区甚至发展到使用剧毒农药进行毁灭性捕捉，加之农田大量使用化肥农药，使我国的黄鳝野生资源由 20 世纪 60 年代的每亩年产量 6 千克下降到每亩年产量不足 0.5 千克。目前国内除四川、湖南、湖北尚有一定数量分布，其他地区的野生黄鳝资源已被大量破坏。4～5 年后野生黄鳝资源将可能步野生甲鱼、螃蟹、乌鱼、鳗鱼的后尘，野生资源奇缺，而只能主要依靠人工养殖供应市场。

黄鳝为底栖生活的鱼类，喜栖于河道、湖泊、水库、沟渠的浅水水域和稻田中，夏出冬蛰。冬季栖息处干涸时，能潜入土深 30～40 厘米处，越冬数月之久。白天栖息于池埂边的洞穴中，或堤岸的石隙中，也栖于浅水水域中腐殖质较多的泥穴中，夜晚则离开洞穴觅食。黄鳝洞穴一般借助于天然的洞穴，也能选择松软的土层用头掘筑。一般洞穴较深邃，洞长约为鱼体长的 3 倍。穴里弯曲交叉，结构复杂，一般有 2 个洞口，水位变化大的水体有时有 3 个以上的洞口。黄鳝的鳃严重退化，即使在溶氧充足的水体中也要把头伸出水面呼吸，因此黄鳝喜欢栖息在离水面较近的洞中，以便在身体不离开洞穴时，挺起觅食或把头部露出水面吸取空气。在任何水域中，黄鳝总是分布在沿岸浅水区域。在水稻田中，黄鳝90％以上在田埂边作穴，栖息在稻田中间是极少的。

2. 食性

黄鳝是一种以动物性饵料为主的鱼类。这点可由黄鳝的肠道长度小于体长佐证，解剖黄鳝分析，其胃含物也充分证明了这一点。黄鳝营穴居生活，视觉退化，眼很小并蒙有皮膜，又多在夜间活动。因此，其觅食主要靠前后鼻孔内发达的嗅觉小褶和触觉来感受水流传过来的饵料生物发出的特殊气味和振动。当食物接近嘴边时，张口猛力一吸，将食物吸入口中。在野生条件下，幼鳝主要摄食丝蚯蚓和枝角类、桡足类等大型浮游生物，也摄食水生昆虫的幼虫，如摇蚊幼虫、蜻蜓幼虫等，有时也兼食有机碎屑、丝状藻类和浮游藻类。成鳝摄食对象明显增加，如小型鱼类、虾类、蝌蚪、幼蛙、小型的螺和蚌。黄鳝也很爱吃陆生动物，夜间常游近岸边，甚至上岸觅食，捕食陆生蚯蚓、蚱蜢、金龟子、蟋蟀、飞蛾等，也吃人工投喂的河蚌肉、螺蚬肉、蚕蛹、熟猪血、畜禽下脚料、鱼肉浆等。此外，兼食有机物质碎屑与丝状藻类，其食物组成中也有不少浮游植物（黄藻、绿藻、裸藻、硅藻等）。如遇食物较大时，黄鳝会咬住食物，旋转身子将食物咬断而吞下。特别要注意的是在饵料不足的情况下，黄鳝有自相残食的习性。我们在解剖黄鳝肠道时，多次发现有比其小的黄鳝残骸。受了钩伤的黄鳝有吐食现象，可将肠中前部的食物全部吐完。值得一提的是，黄鳝耐饥饿的能力非常强，即使是刚孵出的幼鳝，放在水缸中用自来水饲养，不另外喂食，2个月也不会死亡。成鳝在湿润的土壤中，过1年也不会饿死。这可能是由于其长期生活在浅水水域，对经常发生干枯的环境适应的结果。

黄鳝的摄食方式为啜吸式。对小型食物张口啜吸吞入，而对大型无法一口吞入的食物即以口咬住或剧烈左右摆动，或咬住食物全身高速旋转，使食物断裂后吞入。黄鳝主要靠嗅觉、触觉和振动觉觅食。当食物落入水中或由活饵引起水体振动时，黄鳝游至饵料、猎物，并以啜吸方式将其摄入口中。

3. 黄鳝与周围环境的关系

生物体与环境的关系是生态学所研究的范畴。黄鳝的生长、发育和繁殖，与周围环境关系极为密切，它既受周围环境的制约，也产生对其环境的适应，同时又影响周围的环境。和其他鱼类一样，水域是黄鳝赖以生存的空间，并且主要依靠水中提供的各种维持生命活动的物质，因此黄鳝的生长快慢与水体环境关系密切。要养好黄鳝，必须要养好一池水。一般来说，水质要肥、嫩、活、爽，含氧量要充足。因黄鳝鳃不发达，只能用口腔及咽腔的内壁表皮作辅助呼吸器官，直接利用空气中的氧气，在无水的湿润土壤中，可以长期潜伏而不致死亡。因此，它对水中含氧量的要求没有其他鱼类高。现将养鳝时应具备的环境条件，分述如下。

(1)对水温的要求

水温对所有的养殖鱼类是最重要的环境条件之一，黄鳝也不例外。黄鳝属冷血变温动物，其体温会随环境温度的变化而变化。适宜黄鳝生存的水温为 1～32℃，适宜黄鳝生长的水温为 15～30℃，最适黄鳝生长繁殖的水温为 21～28℃，此时摄食活动强，生长较快。水温低于 15℃时，黄鳝吃食量明显下降，10℃以下时，则停止摄食，随温度的降低而进入冬眠状态。当水温超过 30℃以上时，黄鳝行动反应迟钝，摄食停止，长时间高温或低温甚至引发黄鳝死亡。黄鳝具有自行选择适温区的习性，当所栖息的环境水温不适时，黄鳝会自动寻找适宜的区域，当长时间找不到适宜生存的水温环境，就会致使黄鳝的生理功能紊乱，诱发疾病甚至死亡。在高温状态下，黄鳝频繁伸头出水面呼吸空气，因此，当水面气温过高(高于 32℃)，同样会对黄鳝的正常呼吸产生不良影响。此外，黄鳝对水温的骤然变化也非常敏感，因而在人工养殖中，若对水温调控不当时常会导致黄鳝患上感冒病。在人工养殖条件下，因池底有水泥或砖的结构，黄鳝会浮游水面。长时间高温会导致其死亡，故要采取遮阴降温措施。在我国大部分地区，一年中黄鳝生长较快的季节是5～10月份，因此抓好这段时间的饲养管理，对获取高产是十分重要的。水温还会影响水体中其他动、植物的生长，影响各种有机物质的分解速度，从而也间接影响黄鳝的生长。因为一年四季中水温在不断变化，养殖者必须采取相应的降温和保温措施，保证黄鳝一年四季都能很好地生长。

(2)对水深的要求

当黄鳝在摄食、运动和气温较高时，它必须以呼吸空气中的氧气为主，而其体内却没有其他鱼类的鳔结构。因此，一旦水位过深，它必须消耗体力游到水表层呼吸，这显然不利于黄鳝的栖息，所以黄鳝一般栖息于浅水区。所以，鳝池水深一般根据黄鳝的大小，以20～30厘米为宜。在深水区域里，如果有密集的水生植物漂浮生长的话，黄鳝便能借助水草而栖息于水面下30厘米以内的区域中，此时池水的深度对黄鳝的生活基本不造成影响。这就是网箱养鳝时池水深达1～2米，土池养鳝池水深达1米而居然可以正常生长，这主要是漂浮于水面的水草给黄鳝栖息于接近水面的环境提供了方便。

(3)对光照的要求

昼伏夜出是黄鳝的栖息特性之一，这一特性有利于逃避敌害，也是其机体自身保护的需要。据试验，将黄鳝置于没有丝毫遮阴物的水池中，同时保持水温不变，连续观察几天，黄鳝吃食活动并无异常，但持续10天以上的连续光照，黄鳝表现为烦躁不安，聚集池角翻转，发病率很快上升。这说明紫外线对黄鳝具有伤害作用。在人工养殖中，我们应尽可能创造条件，让其在阴暗的环境下生活。

(4)对溶氧的要求

氧气是各种动物赖以生存的必要条件之一,水生生物的呼吸作用主要靠水中的溶解氧气。溶解氧是指以分子状态溶存于水中的氧气单质,不是指化合状态的氧元素,也不是指氧气气泡。在养殖水体中,溶解氧的主要来源是水中的浮游植物的光合作用,约占90%。因此,在黄鳝养殖池中保持一定的肥度,对提供溶解氧很起作用。水中氧气的消耗,除物理因素外,主要是生物作用耗氧和化学作用耗氧。鳝池中黄鳝养殖数量的多少直接影响氧气的消耗速率。根据我们试验测定,一般在水温为23℃左右时,每千克黄鳝每小时耗氧为30毫克左右。鳝池底泥中有机物及生物耗氧也较多,一般可达每天每平方米1克左右。水中溶氧在每升3毫克以上时,黄鳝活动正常。水中溶氧低于每升2毫克时,黄鳝活动异常,经常浮出水面吸取空气中的氧气。经测定,黄鳝的窒息点是0.17毫克/升。黄鳝的辅助呼吸器官发达,能直接利用空气中的氧气。因此,养殖水体中短期缺氧,一般不会导致泛池死亡。

(5)对营养盐类的要求

黄鳝和其他鱼类一样都是异养生物,它们生长所需的物质和能量完全依赖于食物——饵料。在养殖水体中,饵料来源主要是人工投喂的饵料,小部分靠天然饵料。在野生状态下,黄鳝则是靠天然饵料。众所周知,只有植物,特别是浮游植物的光合作用才是水体中有机食物的真正生产者,而这些植物的生长速率及产量,受水中植物营养元素的限制。因而水中营养元素丰富,搭配合理,则浮游植物数量就多,浮游动物数量也能增加,进而促使其他小型水生生物的增加,这就为黄鳝提供了一定数量的天然饵料。当然,这还与水体的光照条件和水温有关。一般在适宜的光照和温度条件下,通过施肥适当增加营养盐类,特别是氮、磷的含量,对增加黄鳝的产量是有重要作用的。

(6)有机物质

在养殖水体中,有机物质的作用也是不可忽视的。其主要来源有光合作用的产物,浮游植物的细胞外产物,水生生物的排泄废物,生物残骸和微生物。水中有机物的存在对黄鳝有积极作用,因为它可作为黄鳝饵料生物的食物。但数量过多时则会破坏水质,影响黄鳝的生长。在养鳝水体中,适宜的有机物耗氧量是 20～40 毫克/升。如果超过 50 毫克/升,对黄鳝就有害无益了,此时应添换新水,改善水质。

(7)水中的有害物质

养殖水体中有毒物质的来源有两类:一类是由水体内部物质循环失调生成并累积的毒物,如硫化氢、氨类等;另一类则是由外界污染引起的。鳝池中氨的来源,一是施用氮肥;二是鳝体中生物体代谢的产物;三是池中有机物厌气分解产生的。适量的铵态氮是有益的营养盐类,过多则阻碍黄鳝的生命活动。一般要求鳝池铵的含量不超过 4 毫克/升。硫化氢是水体中厌气分解的产物,对水生生物有强烈的毒性,危害甚大。它有明显的刺激性臭味,一经发现养鳝水体水质败坏,应立即换水以增加氧气,或少量添加石灰水,使水呈中性或微碱性,以减少其毒性。目前外源性的毒物主要是农药。据初步试验,能杀死黄鳝的农药有苏化 203、敌敌畏和 1605,其致死浓度分别为 8×10^{-6}、6×10^{-6} 和 4×10^{-6}。总之,在养鳝池中,应尽量避免各类有毒农药进入。

二、年龄鉴定与生长速度

1. 年轮特征及年龄鉴定

对鱼类年龄的鉴定,国内外大多以鳞片、鳃盖骨、脊椎骨和耳石等为研究材料。但是通过对黄鳝的解剖,发现生于其舌部的基舌骨及其两侧的上舌骨上,可明显见到有明暗相间的带状轮纹,基舌骨和上舌骨随着年龄的增加而增大,上面的带状轮纹数也相应地增加。因此，对黄鳝的年龄鉴定可用基舌骨和上舌骨作材料，在入射光下，用肉眼或放大镜观察基舌骨和上舌骨，上面有较清晰的由许多呈弧线组成的明暗相间的“带”，1 个明带与 1 个暗带构成一个生长年轮。第 1 年的暗带与第 2 年开始形成的明带之间的交界线为年轮标志(图 2)，在同一条黄鳝的基舌骨和上舌骨的两个楔形区，带的数目是等同的，所以鉴定黄鳝年龄时，只要将二者互为对照，即可准确判断黄鳝的年龄。

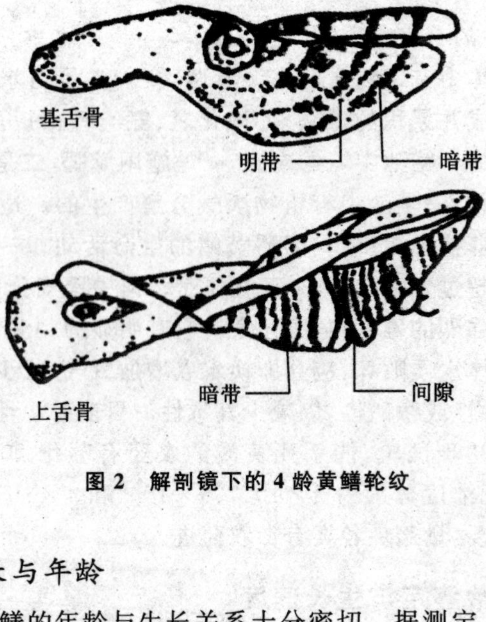

图 2 解剖镜下的 4 龄黄鳝轮纹

2. 生长与年龄

野生黄鳝的年龄与生长关系十分密切。据测定，当年生的越冬幼鳝体长 12.2～13.5 厘米，体重 6～7.5 克；1 冬龄鳝体长 28.0～33.0 厘米，体重 11～17.5 克；2 冬龄鳝体长 30.3～40.0 厘米，体重 20～49 克；3 冬龄鳝体长 35.0～49.0 厘米，体重 58～101.0 克，4 冬龄鳝体长 47.0～59.0 厘米，体重 83.0～248.0 克；5 冬龄鳝体长 56.5～71.0 厘米，体重 199.0～304.0 克；6 冬龄鳝体长 68.5～75.0 厘米，体重 245.0～400.0 克；7 冬龄鳝体长 71.0～79.8 厘米，体重 392.0～752.0 克。

人工养殖条件下，只要饵料充足、饵料质量好、饲养管理得当，黄鳝的生长速度就比天然条件下快得多。黄鳝一般 1 冬龄全长为 27～44 厘米，体重为 19～96 克；2 冬龄全长为 45～66 厘米，体重为 74～270 克。

黄鳝的生长期各地不同，一般南方的生长期较长，北方较短。如江苏、浙江一带生长期为 5～10 月份，大约 170 天；湖南、湖北、广东、广西、四川生长期更长些。黄鳝 6～8 月份生长最快。

三、繁殖特性

1.繁殖季节及环境条件

黄鳝每年只繁殖一次，产卵周期较长。在长江中、下游地区，黄鳝的生殖季节是 5～9 月份，盛期是 6～7 月份。繁殖季节随气温高低而有所提前或推迟。繁殖之前，亲鳝先打洞，称为繁殖洞。繁殖洞与居住洞有区别，繁殖洞一般在埂堤边。如稻田的繁殖洞一般在田埂的隐蔽处，洞口的下缘 2/3 浸于水中。繁殖洞分前洞和后洞，前洞产卵，后洞较细长，洞口进去约 10 厘米处较宽广，洞的上下距离约 5 厘米，左右距离约 10 厘米。

2.性比与配偶构成

根据四川地区黄鳝自然生殖群体性比调查结果，黄鳝生殖群体在整个生殖时期是雌多于雄。7 月份之前雌鳝占多数，其中 2 月份雌鳝最多，占 91.3％；8 月份雌鳝逐渐减少到 38.3％。8 月份之后多数雌鳝产过卵后，性腺逐渐逆转，至 9～12 月份，雌、雄鳝各占 50％。自然界中黄鳝的繁殖，多数是属于子代与亲代的配对，也可能有前后三代配对的情况。在没有雄黄鳝的时候，同一批黄鳝中就会有少量雌鳝先变化为雄鳝，然后再与同批雌鳝配对繁殖后代，这是黄鳝有别于其他鱼类的现象。

3. 黄鳝的性逆转现象和雌雄外形特征

黄鳝具有独特的性逆转现象，这不像大多数脊椎动物那样终生属于一种性别。即一次性成熟时均为雌性，以后逐步逆转为雄性，其中间转变过渡阶段叫雌雄间体，这种由雌到雄的转变，称为性逆转现象。在达到性成熟的黄鳝群体中，较小的个体一般为雌性，较大的个体一般是雄性，两者间的个体一般为雌雄间体。实际上，这种呈雌雄间体的性腺组织，从生理变化的角度看，是一个处于动态的性腺组织，是从有功能的典型雌性转变为有功能的典型雄性过程中的一个中间过渡体。它不同于其他生物的雌雄同体，它在同一性腺中，肉眼可观察到明显的卵子，而在显微镜下则又能看到活动的精子，所以这一现象较为特殊。

雌、雄鳝外形特征：雌、雄鳝外观上较难鉴别，一般以体长作为雌、雄鳝外形鉴别的指标。一般认为，体长 20 厘米以下的成鳝均为雌性，体长 22 厘米左右的成鳝开始性逆转，体长 20～35 厘米时，绝大多数是雌鳝，体长 36～38 厘米时，雌、雄个体数相等，体长 38 厘米以上时，雄性占多数。目前许多资料认为，黄鳝体长在 50 厘米以上时都是雄性。但我们曾多次观察到另外一种情况，即从池塘中捕捞的体长在 50～60 厘米以上的黄鳝都是雌性，橙黄色的卵粒发育正常，粒粒可数，并能正常产卵孵化。对于这一情况，根据我们多年来的科研和生产实践，认为有两种可能：一是由于池塘与水稻田生态环境有差异，也就是说，池塘中环境稳定，饵料丰富，黄鳝生长快，而性逆转又需要较长的时间，所以黄鳝个体虽大，但尚未逆转为雄性。二是黄鳝很可能像海洋中某些性逆转鱼类一样，它的性逆转受群体性比的调节。也就是说，在群体中当雄性个体数量足够时，雌性就不逆转，当雄性数量不足时，其中一部分雌性才逆转为雄性。

4. 性腺发育分期和生殖周期

(1)卵巢的发育分期

Ⅰ期　卵巢白色，透明，细长，肉眼不见卵粒，尚不能区别雌雄，解剖镜下可见透明细小的卵母细胞，卵径 0.08～0.12 毫米。黄鳝体长 6 厘米左右时，可见到该期卵巢。

Ⅱ期　卵巢仍为白色透明，但比Ⅰ期粗，肉眼看不到卵粒，解剖镜下可见到 0.13～0.17 毫米大的卵母细胞。体长约 15 厘米的黄鳝体内可以见到该期卵巢。

Ⅲ期　卵巢淡黄色，肉眼可以见到卵粒，解剖镜下可见圆形或不规则形状的卵母细胞中充满卵黄颗粒，卵径为 0.15～2.2 毫米，此时黄鳝体长可达 15～25 厘米。

Ⅳ期　卵巢明显粗大，卵粒明显增大，大小不一，颜色由淡黄转为橘黄色，解剖镜观察能见到卵母细胞中充满卵黄颗粒，核已逐渐边移，卵径达 2.2～3.4 毫米。此时黄鳝体长为 15～20 厘米，少数可达 40 厘米以上。

Ⅴ期　卵巢粗大，其中充满橘黄色圆形卵粒，卵粒内充满排列致密的卵黄球，卵粒在卵巢内呈游离状，卵径达 3.4～3.7 毫米，此时卵已成熟。

Ⅵ期　成熟卵已排出，卵巢内尚留有未成熟的卵粒，卵母细胞开始退化，卵黄颗粒胶液化，卵膜上产生皱褶、断裂，与滤泡区脱离，滤泡膜增厚。

(2)精巢的发育分期

Ⅰ期　精巢呈透明细线状，肉眼不能区别雌雄，组织切片观察性腺有一对曲折的生殖褶，其中分布着一些精原细胞。由于黄鳝性逆转是由雌性变性而来，精原细胞一般在卵巢的生殖褶内形成。

Ⅱ期　组织切片观察，生殖褶内精原细胞增多并成团，形成精小叶，精小叶无腔，结缔组织明显，出现初级精母细胞。

Ⅲ期　精小叶增多增大，向生殖褶内填充，有小叶腔形成，但不明显，精小叶内以精原细胞和精母细胞为主，精巢已变粗。

Ⅳ期　组织切片观察，精小叶充满了整个生殖褶，生殖褶增大，精小叶内有分别由初级精母细胞、次级精母细胞和精子细胞形成的精小囊，小囊内的细胞群处在同一发育阶段，小叶内仍有部分精原细胞，精巢较粗，呈乳白色。

Ⅴ期　组织切片观察，各精小叶的空腔扩大，充满成熟精子，小叶壁主要由精子细胞及向精子变态的各阶段成分组成。外观精巢呈乳白色，轻压腹部，精子由生殖孔流出，此时精子已成熟。

Ⅵ期　大部分精子已排出，小叶腔中残留少量精子，小叶壁中有少数精原细胞和精母细胞，外观精巢呈透明带状，松散，含有少量精子。

(3)生殖周期

黄鳝生殖细胞的发育、成熟和产出等过程，都有严格的周期性，这种周期性是黄鳝在其种群发展过程中所固定下来的一种适应性。黄鳝的性周期一般 1 龄就达性成熟，第 1 次性成熟个体绝大多数为雌性。产卵之后，大部分性逆转，第 2 年变为雄性个体，之后终生为雄性。生殖周期一般每年重复 1 次。

5. 黄鳝的性成熟系数和怀卵量

黄鳝的生殖腺不对称，左侧发达(长达 13～14 厘米)，右侧退化(仅为两端封闭的一根血管)。卵巢充分成熟时，雌鳝下腹部膨大，几乎充满整个腹腔，腹部柔软，呈淡橘黄色，透过腹腔，肉眼可见卵巢轮廓与卵粒。黄鳝的成熟系数随季节的变化而不同，1～3 月份卵巢经历了Ⅱ期、Ⅲ期的发育阶段，4 月下旬，卵巢发育达到Ⅲ期、Ⅳ期末，成熟系数显著上升，5 月中旬至 7 月底，卵巢由Ⅳ期末转入Ⅴ期，卵巢重量大幅度增加，6 月份达到最高峰，尔后至 12 月份，成熟系数明显下降。雌鳝成熟系数的变化范围是 0.1%～

22.9%，雄鳝成熟系数为0.04%～2.75%。

江苏省淡水水产研究所曾对南京地区的黄鳝进行了调查，其性腺发育变化见表1。

表1 南京地区黄鳝卵巢发育情况调查表

日期（月-日）	体长（厘米）	空壳体重（克）	卵巢重（克）	卵径（毫米）	成熟系数（%）
4-22	40～44 42	43～53 49	0.49～0.85 0.64	0.45～0.64 0.55	1.00～1.70 1.33
5-14	32～37 36	25～38 33	0.32～0.60 0.49	0.53～0.93 0.73	1.26～1.71 1.46
5-23	36～54 41	20～112 45	0.50～2.92 1.18	0.65～1.94 1.09	1.33～3.88 2.40
5-30	33～45 39	24～56 40	0.42～8.30 3.22	1.29～2.92 2.01	1.05～15.96 8.47
6-5	33～38 36	20～39 29	0.23～8.81 2.76	1.54～3.71 2.37	1.15～26.70 9.19
6-10	33～39 35	23～46 31	1.71～5.64 3.36	2.60～3.13 2.89	6.11～18.8 11.18
6-15	32～36 34	21～30 26	2.66～4.35 3.37	2.94～3.27 3.08	9.50～14.71 12.90
6-20	34～38 36	27～35 31	4.25～8.77 6.43	2.84～3.71 3.26	15.64～31.22 22.60
6-25	33～38 35	21～37 31	4.74～8.15 6.46	3.05～3.70 3.37	17.04～27.12 22.20

注：表中分子数字为最小值和最大值，分母数字为平均值。

从表1可以看出，南京地区4月下旬黄鳝成熟系数为1.33%，5月份以后黄鳝性腺发育迅速。从5月至6月下旬的50余天时间内，成熟系数提高近17倍。卵径也由4月下旬的

0.55 毫米增加至 6 月下旬的 3.37 毫米。这时在天然环境中,也能发现黄鳝开始产卵繁殖。因此,这个时期是选择亲鳝进行人工繁殖的适宜时期。调查表明,不同体长的黄鳝怀卵量不同,详见表 2。

表 2 南京地区不同体长黄鳝的怀卵量

体长(厘米)	标本数(尾)	绝对怀卵量(粒/尾)	
		变动范围	平均值
20～24.9	8	51～139	89
25～29.9	36	62～233	121
30～34.9	7	224～614	428
35～39.9	13	413～654	480
40～61.8	4	581～1326	1 119

6. 产卵与孵化

同其他许多肉食性鱼类一样,黄鳝在产卵前具有占区筑巢的特性。一旦即将产卵的黄鳝确定了自己的产卵区域,在一定的范围内,它将会禁止其他黄鳝进入,一旦发现有入侵者,就会发生打斗。若该鳝不能绝对保卫其产卵区域的安全,则会重新选择产卵区域。若即将产卵的黄鳝几经选择,均无法寻找到它认为安全的产卵区,那么,它将会不产卵而随着产卵季节的结束而将卵粒慢慢地吸收掉,这种未能产卵的黄鳝会在第 2 年像其他产过卵的黄鳝一样,逐渐转化成为雄鳝。为了使黄鳝能够在繁殖季节到来时,能够很容易地找到自己的安全产卵区,尽量多让黄鳝产卵,因而在自然繁殖或半人工繁殖时,每平方米鳝池所投放的种鳝不要超出 10 条。黄鳝只能从雌性转变为雄性,而不能从雄性再转化成雌性。在繁殖季节到来时,若同批黄鳝中没有雄鳝,便有部分雌鳝会提前转化成雄鳝,而与同批的雌鳝进行交配。

当雌鳝性成熟时,卵子发育很快,临产前雌鱼成熟系数为

20%左右，腹部呈纺锤形，并有一紫红色透明带，能在自然环境中进行自然繁殖。亲鳝常在穴居的洞口附近或水生植物丛中、乱石块间、杂草堆中产卵。产卵前，亲鳝先吐泡沫为巢，然后产卵于巢内，借助泡沫的浮力将卵浮起。刚产出的卵呈橙黄色或浅黄色，卵径为3.5毫米左右，吸水膨胀后，可扩大至4.5毫米左右。亲鳝吐泡沫作巢估计有两个作用：一是使受精卵不易被敌害发觉；二是使受精卵托浮于水面。因为水面一般溶氧高、水温高（鳝卵孵化的适宜水温为21～28℃），这有利于提高孵化率。繁殖期间，双亲有护卵习性，一般要守护到鳝苗孵出到卵黄囊消失为止，此前即使亲鳝受到惊动了也不会远离。

黄鳝卵从受精到孵出仔鳝，一般在30℃左右（28～38℃）的水温中，需要5～7天，有的长达9～11天，并要求水温稳定。自然界中黄鳝的受精率和孵化率为95%～100%。

根据研究，黄鳝的胚胎发育与一般淡水鱼类，特别与鲤鱼类有所不同，其特点表现如下：

①卵径大，卵黄多，胚胎发育时间长，仔鱼出膜时个体大，对环境的耐受力强。在室内玻璃缸里的仔鱼不投食能活2个月之久，但是鱼体极度消瘦。

②同一条亲鳝产的同一批卵，在相同条件下孵化，仔鱼出膜时间也不一致，相差48小时左右。

③神经板出现在原肠早期动物极细胞下包至卵的1/3～1/2时，与鳟鱼类似而与鲤科鱼类明显不同。

④胸鳍在胚胎期形成并不断扇动，出膜后逐渐退化消失。从黄鳝的系统演化过程中可见，黄鳝的祖先是有胸鳍的，因长期适应穴居生活，胸鳍才逐渐退化消失。

⑤出膜时的仔鱼体长随卵径大小而不同，通常为12～20毫米。

关于自然界中黄鳝仔鱼出膜到卵黄囊消失的发育情况，早在

20 世纪 60 年代就有研究报道。1982 年 7 月江苏省兴化市水产局的有关人员亦曾做过观察。在稻田里采集了一批已发育至胚体扭动期的鳝卵，置瓷盆中饲护，每天换一次水，水温保持在 29～31℃。他们记载的仔鱼发育情况见表 3。

表 3 黄鳝仔鱼不同发育期的主要特征

时间	主要特征
刚出膜仔鱼	全长 1.5 厘米，鱼体透明，腹部有袋形的卵黄囊，心脏跳动急速，体弯曲呈弧形，倒躺在水底
出膜 27 小时	长 2 厘米，卵黄囊延长，体色加深，体呈直角三角形，侧躺在水底，有时侧游到水面上来
出膜 60 小时	长 2.3 厘米，卵黄囊纺锤形，能向上游动
出膜 96 小时	体褐色，卵黄囊侧面观看如一条线，头部有一对胸鳍
出膜 204 小时	长 2.6 厘米，胸鳍消失，体黑色，卵黄囊正面看不到，翻转鱼体腹面仍有一条黄色线
出膜 216 小时	长 2.9 厘米，卵黄囊完全消失，游动活泼

第五章　黄鳝的繁殖技术

由于黄鳝具有性逆转、绝对怀卵量少、人工繁殖时催产剂用量大、受精率低、孵化时间长、出膜时间不整齐等特性，个体间规格相差较大，相互残杀现象较为严重，人工繁殖难度大，目前的繁殖成功以实验室为多，大规模生产尚存在较多的问题。同时在自然水域中能够捕到大量的天然黄鳝苗种，尤其在夏秋季节能够捕到大量天然幼鳝，可以暂时满足黄鳝养殖的苗种需求，因而黄鳝人工繁殖起步较晚，至今尚未普及。但是随着黄鳝养殖业的发展和扩大，单靠捕捉天然苗种已远远不能满足日益发展的养鳝业的需求，进行人工繁殖势在必行。

黄鳝的人工繁殖一般有全人工繁殖和半人工繁殖两种方式。

一、黄鳝的全人工繁殖

黄鳝的全人工繁殖是指在人工控制条件下，使其达到性腺成熟、排卵、受精和孵化出鳝苗的一系列过程。江苏省淡水水产研究所于 1985 年首次在国内取得人工繁殖黄鳝的成功，后经不断探索，初步掌握了黄鳝人工繁殖的规律。现将黄鳝的人工繁殖技术和受精卵的胚胎发育介绍如下。

1. 亲鳝的选择和放养

用作繁殖的黄鳝叫亲鳝。亲鳝可从稻田或养鳝池中捕捉，也可从市场上购买。最好从用鳝笼捕捉的黄鳝中，选择优良的个体作亲鳝。选择的标准是：健壮无病，流动迅速，体色最好为黄褐色。鉴于非产卵期雌、雄鳝外观上较难鉴别，一般可凭体长来选留（图 3）。

体长 24 厘米以下的个体，均为雌性。

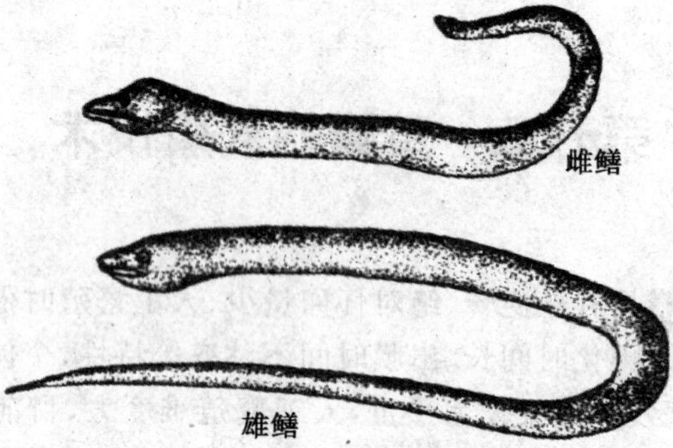

图 3 黄鳝雌雄外观示意图

体长 24～30 厘米的个体，雌性仅占 5%左右。

体长 31～36 厘米的个体，雄性占 41%左右。

体长 37～43 厘米的个体，雄性占 90%以上。

体长 50 厘米以上的个体，均为雄性。

除个体大小以外，还可以从形态和色泽两方面来加以鉴别。雄性黄鳝体背一般有由褐色素斑点组成的 3 条平行带，体两侧沿中线分别有 1 行色素带，其余色素斑点均匀分布如豹皮状。腹部黄色，大型个体呈橘红色，腹壁较厚而不透明。手握雄性黄鳝挣扎有力，使腹面朝上，膨胀不明显，腹腔内的组织器官不突显。雌性黄鳝体背青褐色，无色斑或微显 3 条平行褐色素斑，体侧颜色向腹部逐渐变浅，褐色斑点色素细密，分布均匀。腹部浅黄色或淡青色，腹壁较薄。繁殖季节内，手握黄鳝时比较温顺，使腹面朝上，可见到肛门前端膨胀，微透明，显出腹腔内有一条 7～10 厘米长的橘红色(或青色)卵巢，卵巢前端可见紫色脾脏，这也是鉴别雌雄的主要特征。一般情况下，可按雌雄比 3∶1 选留。选留好的亲鳝放入繁殖池中饲养，繁殖池的结构同黄鳝饲养池。每平方米繁殖池中，放养体长 20～35 厘米的亲鳝 7～8 条，45 厘米以上的亲鳝 2～3 条。

2.亲鳝的培育

亲鳝培育在人工条件下使其性腺达到成熟,然后才能进行催产,培育的好坏直接影响受精、孵化和出苗等方面的效果。

(1)亲鳝池的选择与清整

亲鳝培育池应选择在通风、透光、靠近新鲜水源、排灌水方便、环境安静的地方。亲鳝池最好是水泥池,也可以用土池,面积根据繁育规模而定,一般面积在 10～20 $米^2$,池深 1 米左右,池底用黄土、沙子和石灰混合物夯实后铺 20～30 厘米厚松软的有机土,水泥围墙高出水面 60 厘米以上。在亲鳝放养前进行必要的清整、消毒,建好防逃设施,移植或种植部分水草或喜湿的陆草。

(2)亲鳝的放养

选择已达或接近性成熟、体质健壮、无伤病的黄鳝放入池中,雌雄个体比自然受精为 1∶2;人工授精为 2∶1,放养密度为每平方米 8～10 尾,同时放养部分泥鳅,清除池中过多的有机质,改善水质,并在饲料供应不足时作为亲鳝的活饵料。有条件的可以采用雌雄分池饲养,有利于检查成熟程度。

(3)饲料的投喂

在亲鳝培育中,饲料一般以动物性新鲜高蛋白饲料为主,主要投喂蚯蚓、蝇蛆、黄粉虫,螺蚬蚌肉、杂鱼浆、蚕蛹等,辅以少量的饼粕、豆渣等植物性蛋白饲料。日投喂量视天气、水质、摄食情况而定,以保证亲鳝吃饱、吃好为原则,一般喂量占亲鳝体重的5%左右。

(4)日常管理

①坚持每日巡池 2～3 次,观察亲鳝的摄食、活动情况,水质的变化情况,及时发现问题,及时解决,临近产卵或天气剧变,要加强夜间的巡池。

②加强水质的管理,保持水温的相对稳定,控制好换水量及换水频率,一般 4～5 月份,每周换水 1 次,6～7 月份每周换水 2～3 次,每次换水量为池水总量的 1/3 左右,特殊情况如池水水质混浊、有异味、摄食量减少等,要及时进行换水,临近产卵前 15 天要

每天冲水一次，每次 20 分钟左右，促进性腺的快速发育。

③加强防逃管理，亲鳝个体大，逃跑能力强，平时要注意观察，尤其暴雨更要提高警惕。

④做好病害的防治工作，平时应定期消毒池水和工具，并定期针对性的投喂一定量的药饵，发现病鳝要及时隔离，准确诊断，及时治疗。

3. 催产亲鳝的选择

人工繁殖的催产亲鳝，可以从上述的繁殖池中选择。在实际应用上，也可到市场上直接选购。6 月下旬到 7 月上旬正是黄鳝大量上市的季节。在自然环境下，黄鳝性腺发育得也很好，只要选得恰当，人工繁殖也能成功，但从市场选购的亲鳝暂养时间不宜过长，一般在 1 周内就应进行催产。

雌鳝选择体重在 200～250 克的为好，成熟雌鳝腹部膨大呈纺锤形，个体较小的成熟雌鳝腹部有一明显透明带，体外可见卵粒轮廓。用手轻摸腹部柔软而有弹性，生殖孔红肿。雄鳝体重宜选 200～500 克的为好，雄鳝腹部较小，腹面有血丝状斑纹，生殖孔红肿。用手挤压腹部，能挤出少量透明状液体，在高倍显微镜下可见到活动的精子。

4. 催产

(1)催产期和催产适温

催产期视亲鳝成熟度而定，一般在 6 月下旬和 7 月上旬。催产水温以 22～28℃为宜。

(2)催产剂

催产剂可选用促黄体素释放激素类似物（LRH-A）、鲤鱼脑垂体（PG）或绒毛膜促性腺激素（HCG）均可。LRH-A 和 HCG 均为白色结晶，用生理盐水溶液将其充分溶解，PG 要经过充分的研磨，精确计算催产剂量，吸入注射器内备用。

(3)注射剂量

注射剂量视亲鳝大小而定。20～50 克的雌鳝，每尾注射

LRH-A 5～10 微克；50～250 克的雌鳝，每尾注射 10～30 微克。雄鳝不论大小，每尾注射 15～20 微克。如用绒毛膜促性腺激素，则可按鲤科鱼类用量加倍进行。

(4)注射部位及方法

将选好的亲鳝用干毛巾或纱布包好，防止其滑动，然后在其胸腔注射，注射深度不超过 0.5 厘米，注射量每尾不超过 1 毫升。雄鳝在雌鳝注射后 24 小时注射，剂量减半。

注射后的亲鳝放在水族箱或网箱中暂养。水族箱中存水不宜过深，一般 20～30 厘米，每天换水一次。水温在 25℃以下时，注射后 40 小时开始检查，每隔 3 小时检查一次。同批注射的亲鳝，效应时间很不一致，从开始至结束长达 24 小时，一般需连续检查到注射后 75 小时。时间过长，排卵、人工授精都很难获得成功。检查方法是用手捉住亲鳝，摸其腹部，并由前向后移动，如感到鳝卵已经游离，则表明已经排卵，应立即取出进行人工授精。

5. 人工授精

将检查选出的雌鳝取出，一手用干毛巾握住雌鳝前部，另一手由前向后挤压腹部，部分亲鳝即可顺利挤出卵，但是多数亲鳝会出现泄殖腔堵塞现象。遇此情况时可用小剪刀在泄殖腔处向里剪开 0.5～1 厘米，然后再进行挤压，排出的卵一般可挤出，连续挤 3～5 次，使其产空为止。放卵容器可用玻璃缸或瓷盆，待卵挤入容器内，立即把雄鳝杀死，取出精巢，剪下一小部分在 400 倍以上的显微镜下观察，如精子活动正常，即可把精巢剪碎，放入产出的卵中，用羽毛充分搅拌，雌雄配比视产卵量的多少而定，一般按(3～5)∶1 搭配。在搅拌好的卵中，放入任氏液 200 毫升，放置 5 分钟，再加清水洗去精巢碎片和血污，完成人工授精后放入孵化器中，在静水或微流水里孵化。

鱼用任氏液配方：$NaCl$ 0.75 克，KCl 0.02 克，$NaHCO_3$ 0.002 1 克，$CaCl_2$ 0.021 克，蒸馏水 100 毫升。

6.人工孵化

孵化器可根据产卵数量的多寡因地制宜地选用。数量少的可选用玻璃缸、瓷盘、水族箱，数量多的则可在网箱中孵化，只要管理得当，均能孵出鳝苗。在孵化过程中要注意的事项有：

①鳝卵比重大于水。在自然繁殖情况下，亲鳝吐出泡沫，使鳝卵浮于水表面孵化出苗。而在人工繁殖时无法得到这种漂浮鳝卵的泡沫，鳝卵沉于水底。因此，无论放入哪种容器孵化，水均不宜太深。一般应控制在10厘米左右。

②人工授精时受精率往往较低，未受精的卵崩解时，很容易恶化水质，应及时剔除。

③在封闭型水体中孵化，应注意经常换水，换入水的水温尽量与容器中的水温相近，温差不能超过5℃。鳝卵孵化时，胚胎发育的不同阶段耗氧量不同。在水温24℃条件下，测定每100粒鳝卵每小时的耗氧量，细胞分裂期为0.29毫克，囊胚期为0.46毫克，原肠期为0.53毫克。胚胎发育过程中，越向后期，耗氧量越大。因此，在缸、盆中静水孵化时，要增加换水次数。一般开始每天换水1次，第2天起每天换水2次，有条件时用微流水孵化效果更好(表4)。

表4 黄鳝人工催产及孵化情况

催产日期(月-日)	平均水温(℃)	效应时间(小时)	产卵数(粒)	受精率(%)	出膜时间(小时)*	出苗数(尾)	孵化率(%)
7-07	26	72	550	36.0	134→254	175	88.4
6-16	23	77.8	410	15.4	192→240	34	54.0
6-16	23	56	200	20.0	312→336	27	67.0
6-22	23	66.1	251	25.0	112→288	57	95.0
6-23	22	87	230	16.5	288→336	32	83.0
6-23	22.1	76.7	240	44.5	264→286	93	87.5
7-03	25.5	53.7	300	53.3	240→264	142	88.7
7-04	24	48.5	601	88.5	216	58	10.9

注：*栏前面的数字是开始出膜所需的小时数，后面的数字是出膜全部结束所需的小时数。

为了更好地掌握人工繁殖技术，现把人工催产所得鳝卵的成熟度、受精卵的鉴别及其他有关情况介绍如下。

刚产出的卵，呈淡黄色或橙黄色，比重大于水，无黏性。吸水膨胀后的卵，径长为3.8～5.2毫米，每粒卵重35毫克左右。成熟度较好的卵，吸水后呈正圆形，形成明显的卵间隙，卵黄与卵膜界限清楚，卵黄集中在卵的底部，受精吸水后40分钟胚胎清晰可见。成熟度不好的卵，吸水后不呈圆形，或形成比正常卵大2～3倍的巨形卵，卵黄与卵膜界限不清，卵内可见不透明的雾状物。这只能作为观察卵子成熟度好坏的指标，不能作为鉴定卵子受精的指标，因为成熟度较好而未受精的卵也会形成假胚盘，进行细胞分裂。因而确定受精卵的指标是鳝卵胚胎发育进入原肠期。鳝卵卵黄丰富，未经处理的卵用肉眼或用光镜很难看清内部情况，一般要用透明液透明后，再在光镜下观察才能清晰地看到。

透明液配方：甲醛5毫升，冰醋酸4毫升，甘油6毫升，蒸馏水85毫升。

孵化水温在25℃左右时，受精后18～22小时即可进行观察。此时取出鳝卵，在透明液中浸泡3分钟后，在光镜下观察，如见到囊胚向下延伸，原肠形成，则是卵子已经受精。用此法判断得到的结论是十分可靠的。

同批鳝卵的出膜时间往往不一，通常为受精后的5～7天。出膜时大部分鳝头部先出膜，小部分尾部先出膜。刚出膜的仔鳝，卵黄囊较大，出膜鱼苗的体长依卵的大小而异，一般为1.2～2厘米。出膜鳝苗一般要经4～7天，卵黄囊才基本消失，幼鳝体长一般达3～3.1厘米，第5天即可放入幼苗池培育。

7. 黄鳝的胚胎及鳝苗的发育

在水温25～30℃时，卵子受精后卵膜举起，形成明显的卵间隙，原生质开始流动。受精后40～60分钟，可见到明显的胚盘（图

4-1)。第 1 次卵裂发生在受精后 120 分钟左右，由经裂形成 2 个相等的分裂球(图 4-2)。第 2 次的分裂面与第 1 次垂直，在受精后 180 分钟左右，卵裂成 4 个相等的分裂球(图 4-3)。受精后 240 分钟，开始第 3 次卵裂，与第 1 次的分裂面平行经裂成 8 个大致相等的细胞(图 4-4)。第 4 次卵裂在受精后 300 分钟左右进行，与第 1 次的分裂面垂直形成 16 个细胞(图 4-5)。受精后 360 分钟左

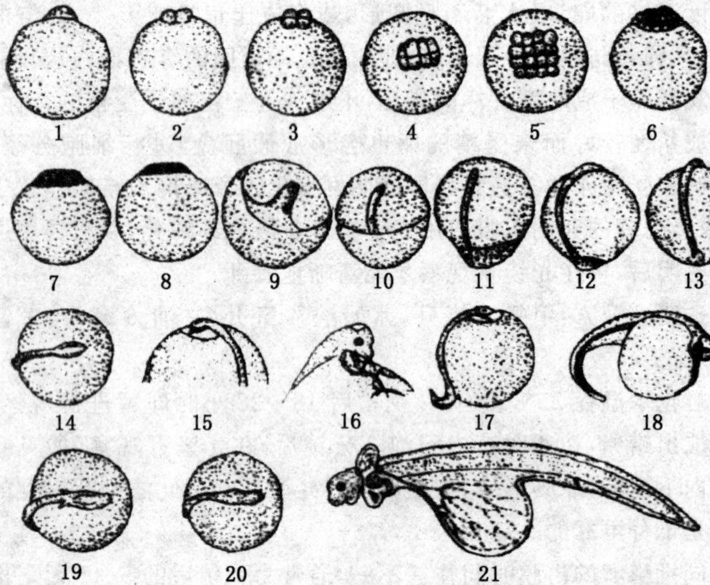

图 4 黄鳝卵的胚胎发育图

1. 胚盘形成 2. 2 细胞期 3. 4 细胞期 4. 8 细胞期 5. 16 细胞期 6. 32 细胞期 7. 囊胚期 8. 原肠早期 9. 胚盾出现期 10. 神经胚期 11. 大卵黄栓期 12. 小卵黄栓期 13. 胚孔封闭期 14. 神经沟形成期 15. 心脏形成期 16. “S”形心脏期 17. 尾芽开始形成期 18. 尾芽继续后伸期 19. 菱形的脑室形成期 20. 视泡形成期 21. 胚胎出膜初期

右,形成大小基本相等的 32 个细胞,呈单层排列(图 4-6)。此后细胞分裂继续进行,经多细胞期,在受精后 12 小时左右,发育至囊胚期(图 4-7)。随卵裂的继续进行,动物极细胞越来越小,隆起的高囊胚逐渐变低,并沿着卵黄表面向植物极扩展,原肠作用开始。受精后 18 小时左右,动物极细胞下包进入原肠早期,形成环状隆起的胚环(图 4-8)。受精后 21 小时左右,动物极细胞下包至卵的 1/3 处,胚盾出现(图 4-9)。受精后 35 小时左右,动物极细胞下包至卵的 1/2 处,神经胚形成(图 4-10)。受精后 44 小时左右,发育至大卵黄栓时期(图 4-11)。受精后 48 小时左右,进入小卵黄栓时期(图 4-12)。受精后 60 小时左右,胚孔闭合(图 4-13)。

在原肠下包的同时,动物极一侧的细胞开始内卷,胚盾形成并不断加厚,形成原神经板。在受精后 65 小时左右,形成神经沟(图 4-14)。胚孔闭合的同时,细直管状的心脏形成,并开始缓慢跳动(图 4-15),每分钟 45 次左右,血液中无血红细胞。此后,心脏两端逐渐膨大,有心耳、心室之分,进而出现弯曲,在受精后 90 小时左右,形成“S”形心脏(图 4-16),心跳增加到每分钟 90 次左右,血液中因有血红细胞而呈红色。从胚孔闭合时开始,尾芽开始生长,起初朝前形成弯曲(图 4-17),尔后朝后伸展并不断伸长(图 4-18)。受精后 65 小时左右,神经胚头部膨大,形成前、中、后 3 个脑泡,随后可见到菱形的脑室(图 4-19)。受精后 85 小时左右视泡出现在前脑室两侧(图 4-20)。受精后 100 小时左右晶体形成。

胚胎发育过程中肌肉的运动,是在受精后 65 小时左右开始的。首先出现的是轻微的颤动,尔后是抖动,至受精后 95 小时左右,胚胎可以在卵内任意转动。黄鳝胚肠发育中一个特殊的现象是鳍的发生和退化。受精后 69 小时,胸鳍形成并不断扇动,每分钟达 90 次左右(图 4-19)。受精后 94 小时左右,胚胎的背部和尾部形成明显的鳍膜(图 4-20)。胸鳍和鳍膜上布满微血管网,在显微镜下可见到血球有规则地运动,直到孵化后卵黄囊接近消失时,胸鳍和鳍膜才退化消失。

受精后 140 小时左右,胚胎破膜而出。多数仔鱼是头部先出膜,也有一些是尾部先出膜。仔鱼出膜时体长随卵径大小而异,一般在 12～20 毫米。出膜时卵黄囊相当大,直径在 3 毫米左右(图 4-21)。此时仔鱼侧卧于水底,能做挣扎状游动。出膜后 72 小时,仔鱼体长可达到 19～24 毫米;出膜后 144 小时,仔鱼体长达 23～33 毫米。此时卵黄囊已基本消失,色素细胞布满头背部,仔鱼能在水中做快速弯曲游动,并开始摄食水中的浮游生物,此时即可转入苗种培育阶段。

8. 黄鳝人工繁殖催产药物使用量与体重的关系(表 5)

表 5 雌鳝体重与催产剂注射剂量的关系

体重（克）	10	20	30	40	50	100	150	200	250	300
LRH-A（毫克）	2	4	6	8	10	15	20	25	30	35
HCG(国际单位)	60	120	180	240	300	450	600	750	900	1 050

催产时雌雄比例为(2～3)∶1,药物效应时间 2～3 天,多为剖腹产。精巢剖出后,或挤取精液,或将其剪碎于生理盐水中。采取干法或半干法受精,受精卵置于 11～15 厘米的培养皿中孵化,不断剔除坏卵、死胚,经常换水,保持水质清洁。其结果是:雌鳝的催产率达 73%,最高达到 90%;受精率 56.1%,个别高达 91%,但孵化率较低,仅为 23.5%。在 26～28℃水温下,从受精卵发育到出膜,一般需 6～7 天,出膜 7～10 天后卵黄囊才被吸收尽。开口饵料为浮游动物,经 20 多天培育,体长可达 67 毫米。

二、黄鳝的半人工繁殖

野生黄鳝是依靠自然产卵受精、自然孵化繁殖后代的。由于受敌害侵袭和自然环境的干扰，黄鳝自然繁殖的成活率普遍较低。为提高其成活率，在繁殖季节，将天然水域中捕获到的性腺成熟的黄鳝，按一定的雌雄比例，打针催产或让其自然产卵、受精、孵化，然后捕出仔鳝，单独培育。这种繁殖方法称为半人工繁殖，一般养殖户均能掌握，是一种简单、易学、极为实用的方法。

1. 繁殖池的建造

繁殖池和饲养池一样，用水泥池和土池均可，规模饲养，应选择通风、向阳、水源充足、水质无污染、排灌方便、较为安静和交通便利的地方建造。面积根据需要而定，不宜过大，深度一般在70～100厘米，池口及进排水处要有防逃设施。土池没有牢固的防渗漏设施，因此，建土池必须要选择地下水位较高，土池内能够容装较多的水且夏季暴雨来临时雨水能够排得开的地方。土质较黏，夏季雨水冲刷池壁不易垮塌，池底要求有一定的硬度。可先将四周的池壁夯实，然后在池的四周铺上较厚的塑料膜或彩条布。其下端埋入泥中30厘米以上，其上端高中埂面，接口处用尼龙线缝合。

在繁殖中要建一个面积较小的仔鳝保护池。该池和繁殖池相隔的池壁上要多留些圆形或长形孔洞，孔洞处用铁丝网与繁殖池隔开，仔鳝可以通过铁丝网进入保护池而亲鳝则不能进入。在繁殖池及保护池中投入丝瓜筋、水浮莲、水葫芦或其他柔软多孔的物品，以便亲鳝筑巢、仔鳝隐居栖息。为了减少占地，可以在饲养池中分出一块面积，建立繁殖池，再在繁殖池中做一个仔鳝保护池。

此外，还可以模拟黄鳝在田野产卵的自然环境，人工筑造一些适宜于黄鳝繁殖的环境条件。繁殖季节将野生亲鳝转移到稻田的田埂旁，任其打洞穴居，让其口味泡沫，筑巢产卵。根据黄鳝这种繁殖习性，还可以在繁殖池外四周（离池壁一定距离）和池中堆筑土埂，埂宽 20 厘米，每隔 70～100 厘米堆筑一条土埂，在土埂上种植一些杂草或水稻，到了繁殖季节，亲鳝就可以在土埂的草丛中活动，打洞吐沫，筑巢产卵。

2. 亲鳝的选择和培育

(1)亲鳝的选择

亲鳝可从市场上选购，或在黄鳝生长较多的稻田沟渠内捕捉，也可在养殖池中挑选。要注意挑选体健无病、游泳迅速、体色鲜艳的个体作亲鳝。特别要注意的是，如从市场选购亲鳝，身体上一定不能有伤痕，口腔内不能有钓钩及钓钩伤痕。雌鳝选择体长在 25～40 厘米，体重在 150～250 克的个体，成熟的雌鳝腹部膨大，呈纺锤形，个体较小，腹部有一明显透明带，体外可见卵粒轮廓，用手触摸，腹部柔软有弹性。雄亲鳝挤压其腹部，能挤出少量透明精液。

(2)雌雄亲鳝搭配比例

在一般情况下，雌雄亲鳝搭配比例为 2∶1 或 3∶1，因为雌鳝产卵量不大。为了加快成熟产卵，也可以采取雌雄各半的搭配比例。在 1 $米^3$ 的繁殖池内放入 7～8 尾雌鳝，3～4 尾雄鳝，根据繁殖池的面积，按上述比例，一次放足。

(3)亲鳝培育

下池的亲鳝要精心培育，繁殖的好坏关键在于亲鳝的培育。在繁殖季节前，投喂饵料以动物性饵料为主，如水蚯蚓、螺蛳和河蚌肉以及麦芽等，以增强营养。在繁殖季节，特别是 5～7 月份，要精心饲养管理，喂足蚯蚓等优质饵料，以促进发育。雌鳝从性成熟后经过产卵时期，就开始性逆转慢慢变成雄性，根据这一特性，雌鳝经过产卵繁殖期后，必须捕起，重新调整雌雄亲鳝搭配比例，以有利于翌年繁殖鳝苗。

3. 催产、产卵、受精和孵化

(1)人工催产

繁殖季节中，在繁殖池中选择成熟的亲鳝，注射激素催产，其催产剂的种类和剂量与全人工繁殖的相同。一般情况下，采用LRH-A，以每克体重0.3微克一次性注射效果较好，雄性剂量减半。如果采用HCG，其剂量以每克体重2～3单位为佳。15～50克的雌亲鳝一般注意LRH-A的剂量每尾为5～10微克，HCG每尾为30～100单位。50～250克重的雌亲鳝用LRH-A每尾剂量10～30微克，HCG每尾为100～500单位，雄亲鳝一般为雌亲鳝用量的一半。催产剂配制方法和注射方法参照本章“黄鳝的全人工繁殖”部分。不过，也有不用催产，让其自然产卵受精的。

(2)产卵、受精和孵化

经激素注射后的亲鳝放入繁殖池中，让其自行产卵、受精和孵化。亲鳝在产卵之前会吐泡沫，筑巢在杂草丛中或在放入繁殖池中的水葫芦、水浮莲、稻草捆上。产卵和排精于泡沫巢上卵即能受精、孵化。也可将受精卵收集起来，在室内孵化。经半个月到1个月，在繁殖池中即能出现稚鳝。这些稚鳝可以通过铁丝网进入鳝苗池，进行鳝苗培育，也可将鳝巢内出现有黑点的鳝卵移入孵化池，培育成幼鳝，同时还可用密网兜捞出繁殖池中孵化出的仔鳝，投入孵化池中喂养培育。

(3)产卵及孵化的管理

黄鳝产卵期间，力求环境安静，尽量减少惊扰。繁殖池换水时切忌猛烈地灌水和冲水，而要通过细微的缓流或经常不断地掺水，以保持良好的水质，缓流水应首先通过鳝苗保护池，再缓慢地流入繁殖池，通过缓流的刺激，可以诱导鳝苗溯水而上进入保护池。若在饲养池中发现有新孵出的黄鳝苗，要把它诱集或捕捞起来，投入鳝苗池精心饲养。

第六章　黄鳝苗种培育技术

一、苗池的准备

鳝苗培育池宜选用小型水泥池，池深30～40厘米，上沿要高出地面20厘米以上，以防雨水漫池造成逃苗，池设进排水口，用塑料网布罩住。培育池面积一般不超过10米^2，池底加土5厘米左右。在放养苗种前必须进行清野、消毒，杀灭敌害生物及细菌、病毒、寄生虫，每平方米加已发酵过的牛粪或猪粪0.5千克，水深10～20厘米。最后引种部分丝蚯蚓入池，池面移植一些根须发达的水生植物如水葫芦等。

二、鳝苗放养

苗种来源不外乎两个途径：一是自繁苗种，二是外购或捞取天然苗种。外购或天然苗种放养时要进行必要的消毒，最好放养自繁苗种，相对存活率会高些。出膜后5～7天的鳝苗即可入池培育，每平方米放鳝苗500尾左右，不宜过密，同批放养的规格必须整齐，个体间差异不可太大，放养时动作要轻、快，不可使鳝体受伤。放养宜在上午8～9时进行，避开正午强烈的阳光。放苗时要注意调节水温，鳝苗进池前先将池水慢慢舀入盛苗的容器中，使容器内的水温逐步与池中水温接近，然后再把苗种放入池中。

三、苗种的食性

鳝苗孵化出后5～7天，消化系统基本上发育完善，并开始自行觅食。鳝苗的食性较广，但主要摄食天然活体小生物，如大型枝角类、桡足类、水生昆虫、水蚯蚓、孑孓等，最喜食的水生动物是水蚯蚓、枝角类、桡足类等，随着生长发育摄食的种类个体逐渐增大，全长 4.3 厘米前主要摄取轮虫、小型枝角类、桡足类的无足幼体、硅藻和绿藻；全长达 4.4 ～6.8 厘米时则以摄取大型桡足类、水生寡毛类(如水蚯蚓等)、摇蚊幼虫、枝角类以及硅藻、绿藻为主；当全长达 6.9～10 厘米时则转化成与幼鳝食性相似，以摇蚊幼虫、水生寡毛类为主，并开始摄取较大型的饵料动物，如米虾、蝌蚪、鱼苗等，也兼食一些植物性饵料如硅藻、绿藻等。除饵料生物外，各长度个体的种苗肠道内还含有大量的腐屑和泥沙。

四、喂养管理

首先要对鳝苗进行开口诱食驯化，开口饵料最好用丝蚯蚓，也可喂浮游动物，或用碎鱼肉、鲜蚯蚓的碎浆等动物性饵料，且必须及时清除残饵，防止败坏水质，逐步过渡到使用配合饲料。黄鳝具有自相残杀习性，放养时切忌大小混养，在饲养过程中，要注意适时分养。方法是在鳝苗集中摄食时，用“密眼捞海”将身体健壮、抢食能力强、规格较大的鳝苗捞出，放入新培育池内。平时注意水质管理，经常加注新水。经过 1 个月饲养，幼鳝一般可长至 51～53 毫米。到年底，每平方米可出幼鳝 100 尾左右(已分级稀养)，每尾体长可达 15 厘米，体重 3 克以上，这时可转入成鳝池饲养。在鳝苗的培育过程中，我们对鳝苗的生长速度作了测定，仅供参考(表 6 和表 7)。

表 6　鳝苗的体长增长情况(1 个月内)

饲养天数	刚孵出	第 3 天	第 5 天	第 6 天	第 10 天	第 15 天	第 20 天	第 25 天	第 30 天
体长(毫米)	17.4±1.2	19.0±1.0	20.6±0.9	22.1±0.4	25.4±0.3	28.4±0.3	36.4±0.8	44.7±0.6	52.7±0.6

表 7 鳝苗体长和体重增长情况

标本日期（月-日）	饲养天数（天）	采样数量（条）	体长（毫米）	平均体长（毫米）	体重（克）	平均体重（克）	递增体重（克）
6-30	15	9	27～30	28.4	0.018 1～0.024	0.021 37	
7-30	45	20	48～86	74.3	0.119 5～0.398 8	0.245 3	0.223 9
9-01	78	15	95～125	105	0.536 9～1.408	0.825 4	0.580 1
10-09	116	20	105～195	141.3	0.899 1～7.467 2	2.359	1.533
11-14	151	35	150～245	161.8	1.630～11.74	3.776	1.417

五、日常管理

(1)水质调节

清爽新鲜的水质有利于黄鳝种苗的摄食、活动和栖息,混浊变质的水体不利于种苗的生长发育。平时要保持水质有一定的肥度,能提供适量的饵料生物;同时要及时换出混浊、老化的水,生长季节10～15天换水一次,每次换水量在1/3左右,盛夏时节(7～8月份)每周换水2～3次;其次注意适时使用药物(如生石灰)对水体进行调节、消毒;种植必要的水生植物来调节水质。

(2)水温的调控

水温25～28℃最适合黄鳝苗种的生长,但多数时间水温会达到35～39℃,故必须进行调节。具体方法一是要保持适当的水深,一般苗池水深在10厘米以上,但不要超过15厘米,并且注意经常换水;二是放养水葫芦、水浮莲、水花生等浮水植物,既可避免水温升高,又可为鳝苗提供隐蔽的场所;三是在池中放置较大的石块、树墩或瓦片等,做成人工洞穴,有利于鳝苗栖息避暑;四是在鳝池周围栽种树木,种瓜搭架遮挡强烈的阳光。

(3)坚持巡池

坚持每日多次巡池,检查防逃设施、苗种生活生长状态,及时清除残饵等污物,遇到天气突变时要及时换水或加水,防止缺氧。

(4)病害防治

详见本书第九章“黄鳝的病害防治”。

第七章　商品黄鳝的养殖技术

一、黄鳝的生物学特性

黄鳝养殖在我国由来已久，但近十几年一直徘徊不前，浅层原因表现为技术力度不够，然而更重要的是有关黄鳝养殖的基本生物学知识没有得到完善，黄鳝养殖技术一直处于直观、经验、类比状态下，使目前国内总体黄鳝养殖陷入了很深的误区。因此对有关养殖黄鳝方面的生物学特性进行深入理解是正确实施黄鳝养殖和技术措施形成的前提。

1. 黄鳝的呼吸机能

黄鳝的口腔是主要的呼吸器官，同时皮肤也具有很强的呼吸功能。口腔上颌及皮肤侧线一带分布丰富的毛细血管网。这两类呼吸器官既能从水中获得溶解氧，又能从空气中呼吸氧气。黄鳝从水中获得溶解氧的速率很低，但呼吸强度却很高，即使水中溶氧的浓度极低都能进行有效呼吸。黄鳝的平静状态或水温较低时，由于新陈代谢缓慢，机体生化耗氧率低，黄鳝完全以呼吸水中的溶解氧为主，当水体极度缺氧时，黄鳝靠呼吸空气中的氧气来弥补，但频率极低，呼吸一次可维持数小时，值得注意的是后一类情况如果发生在越冬期间，则可能引起窒息或冻伤，所以越冬期间应保持适度换水，以保持水体一定的溶氧。黄鳝在进食、剧烈运动以及气温较高时，从水中获得的溶解氧已远远不能满足机体运动和代谢耗氧，此时黄鳝则转为呼吸空气中的氧气为主，其表现状态为：或者头部频繁伸出水面呼吸，或者将吻部持续露出水面。

黄鳝呼吸系统的正常运行不仅与作为呼吸器官的口腔、皮肤以及环境的氧气状况有关,同时与血液的载氧能力具有直接的联系。当载体环境恶化,溶存的有毒化学因子诸如氨、硫化氢和亚硝酸等渗入血液,就会严重影响血液红细胞与氧的结合能力,此种情况也同时发生在环境载体 pH 下降所引起的酸中毒和窒息造成体液 pH 下降引起的酸中毒。一旦血液载氧力下降,则整个呼吸系统将受到严重影响,初始状态表现为黄鳝长时间将一半或整个头部伸出水面呼吸空气,受到惊动也不下沉,侧卧,仰卧,直至衰竭而亡。特别值得注意的是,在此过程中,黄鳝机体受到损害,而这种损害在很大程度上是不可逆的,即使把这类黄鳝立即转移到水质清新的环境中,也将有大部分陆续死亡。因此,不能从黄鳝生命力强的表象得出其对生活环境要求不严的结论。比较而言,黄鳝要求比较特殊的生存环境,有些方面甚至比大部分养殖鱼类要求还要苛刻。

从国内大量黄鳝养殖反馈信息看,形成养殖失败的重要原因之一,就是养殖过程中造成了对黄鳝呼吸系统的破坏,尤其表现在苗种来源这一环节,由于目前养殖黄鳝采用野生苗种较多,而采集这一过程的操作对黄鳝的影响是剧烈的,当然养殖期间形成的案例也有相当数量。其严重性在于对黄鳝呼吸系统的破坏,其表象并不直观,同时又是渐近性的。一旦以死亡来说明问题,情形已不可逆转。因此,实现高效黄鳝养殖,必须以科学的规范操作来保障。

2. 黄鳝的摄食、消化与生长

黄鳝的天然饵料有水生昆虫、落入水中的陆生昆虫、底栖动物、小鱼虾等,其摄食活动依赖于嗅觉和触觉,并用味觉加以选择是否吞咽。实验结果表明,黄鳝拒绝吞咽的味觉标准是:无味、苦味、过咸、刺激性异味,尤其是对饲料中添加药品极为敏感,并且拒食。当黄鳝摄食时,味觉选择错误,吞咽后,前肠就会出现反刍现象。虽然黄鳝的天然饵料主要是鲜活类动物,但在有效驯养条件下，原则上黄鳝可以摄食任何人工饵料，然而摄食的几率、强度和持久性则因人工饵料的成分及其制作工艺而呈现不同的特点。能达到黄鳝稳定摄食人工饵料的条件是：全价的营养组成、特效引诱剂、原料超微粉碎、加工后柔韧性强、耐水性高。

自相残杀是黄鳝摄食活动的另一特点，这一情况只有在极度饥饿情况下发生，实验观察，在黄鳝喜食的饲料中掺入黄鳝肉糜，则黄鳝就会出现拒食情况，这充分证明了上述结论的正确性。正常满足投喂时，即使个体悬殊，均不会出现自相残杀。但进一步的实验结果表明，当个体悬殊达到1倍以上，小个体的摄食活动就会被抑制，即使饵料极为充分，小黄鳝也不敢摄食，这一情况的持续发生，将导致同一池的个体悬殊进一步加大。这样会影响小个体的生长。因此，人工养殖时要大小分级。

黄鳝的消化系统从解剖结构看有肝脏、胆囊、胰脏和肠道，作为主要消化器官——肠道，无盘曲，中间有一结节将肠道分为前肠和后肠，前肠柔韧性强，可充分扩张。这一结构与肉食性鱼类的肠道类似。其消化特点是：对植物蛋白和纤维素几乎完全不能消化，对动物蛋白、淀粉和脂肪能有效消化，因此任何使用植物性饲料饲养黄鳝的企图都是对黄鳝消化机能缺乏了解的表现。但另一方面适度植物性饲料的添加可促进肠道的蠕动和摄食强度。黄鳝的新陈代谢缓慢，反映在消化系统表现为消化液分泌量少，吸收速率低，这一特征作为种的特性实际上是一种自我保护的功能，可防止食物匮乏时机体的过度消耗。这一特性对养殖是极为不利的，严重抑制了增重速度。然而这一特性并非不可改变，在定期投喂和消化促进剂的激活下，消化系统可很快变得极为活跃，同时在人为增强黄鳝活动量后，就可以达到稳定这种改善了的消化机能。

自然栖息的黄鳝生长速度与环境中饵料丰欠相关，一般生活于池塘、沟渠的黄鳝生长速度快一些，丰满度高，而栖息于田间的黄鳝则生长速度较慢。但从总体上来说，自然栖息的黄鳝生长速度较慢。2冬龄黄鳝一般体长30.3～40.0厘米，体重20～49克，年增重1～2倍。黄鳝生长缓慢的内在表现则是新陈代谢缓慢，反映在消化系统表现为消化液分泌量少，吸收速率低。黄鳝的这种特性是其长期进化的结果。因为自然栖息的黄鳝活动范围小，摄食能力有限，长期处于半饥饿状态，代谢缓慢则能实现自我保护。但这一特性并非不可改变。在定时投喂和消化促进剂的激活下，黄鳝的消化系统可变得极为活跃，并且通过人为控制，可以稳定这种改变了的消化机能。目前大部分黄鳝养殖均采用投喂鲜活饵料，总体增重极低，以致造成黄鳝生长速度缓慢的普遍错觉，但实际情况并非如此，在营造良好的养殖环境，有效地驯养和全价的饵料投喂情况下，20～30克的鳝苗经3～4个月的强化投喂一般可增重达5倍，养殖效果比较理想。

3.黄鳝的栖息特征

黄鳝自然栖息层的水深一般不会超过20厘米，这一特点源于其呼吸机能和身体结构，当黄鳝在摄食、运动和气温较高时，必须以呼吸空气中的氧气为主，而其体内却没有同其他鱼类一样具有鳔的器官。因此，一旦水位过深，则黄鳝必须靠消耗体力游到水表层呼吸，这显然不利于黄鳝的栖息。所以黄鳝一般栖息于水位较浅的区域。但这一特点同时体现于多种方式，在水深区域，如果有密集的水生植物漂浮生长，则同样可供黄鳝栖息。

黄鳝营洞穴栖息，但这一特征并非是其生存的必然条件，而是为了达到种的延续目的，经过长期自然选择形成的结果，其意义在于逃避敌害和避免高温严寒的侵袭。黄鳝生活于浅水层是其生存的必然条件，但栖息这一水层却极易受到禽鸟的袭击，并且该水层温度变化剧烈，因此，黄鳝洞穴是栖息浅水层唯一有利于生存的途径。在人工养殖中，如能有效解决这一冲突，则黄鳝放弃洞穴对其生存栖息和摄食生长并无利影响，采用网箱、水泥池无土养殖获得成功就很好地说明了这一点。

昼伏夜出是黄鳝的另一栖息特性，这一特性同样有利于逃避敌害，但同时也是机体自身保护的需要。将黄鳝短时间（数天内）置于日光照射同时保持水温不变的条件下，观察到黄鳝生存和摄食活动并无异常，但长时间（超过10天以上）的无遮蔽光照，就会降低黄鳝体表的屏障功能和机体免疫力，发病率很快上升，这说明黄鳝在长期的进化过程中，已不适宜在强烈光照下生存。

4. 黄鳝体表的屏障功能

黄鳝体表无鳞，但能分泌大量黏液包裹全身。黏液的分泌一方面具有代谢功能，可将体内的氨、尿酸等排出体外，同时更具有保护功能，可有效防止有害病菌的侵入，其作用机理在于：黏液内含有大量的溶菌酶，所以一般黄鳝对细菌性传染病具有极强的抵抗力。但溶菌酶只有依附于黄鳝体表，才具有活性，脱离机体，其活性很快消失，同时溶菌酶的活性还与机体的健康状况有关，当黄鳝体质衰竭，溶菌酶的活性也随之下降。另外，体表的湿度对皮肤正常的黏液分泌和溶菌酶的产生极为重要，皮肤干燥会导致腺细胞的坏死。而酸、碱、氨、硫化氢等有害物质或高温和高密度引起的发烧都会直接损伤皮肤黏液的屏障功能。一旦黄鳝体表的保护层被破坏，有害病菌就会迅速侵入机体。如果创伤较小，由于黄鳝抵抗力较强，此时进行药物治疗则具有一定的疗效。但创面较大，则有害病菌会迅速传染到局部或整个全身。

值得提醒养殖者注意的是，黄鳝体滑善逃，特别是在缺乏饲料，或雷雨天，或水质恶化时，都易引起大量逃逸。逃逸时，头向上沿水浅处迅速游动，或整个身体蹿出，若周围有砖墙或水泥块时，则能用尾向上钩住然后跃出，若池堤有洞或排水道、排水孔，则黄鳝更易逃逸，严重时，饲养的黄鳝可逃得一尾不剩，往往成为养殖失败的重要原因。因此养殖黄鳝时，自始至终要十分重视防逃工作。此外，饲料的准备工作也很重要，应根据饲料量来确定养殖量。

二、养殖池的建造

按照科学的方法建造鳝池，不仅是给黄鳝修建一个理想的“家”，更是为了方便我们的日常管理。养殖池应选择向阳、通风、水源方便的地方建池。大小视养殖规模而定，池形可与美化环境结合起来，方形、圆形、椭圆形均可。

1. 水泥池的建造

先在平地上下挖 30～40 厘米，建成土池。有条件的可建整体水泥结构，也可在池底用碎石或三合土压实，然后用砖铺底，四周用砖筑墙，水泥抹缝。池面积每个不超出 20 米^2 为宜，池深 0.8 米左右，池边墙有 30 厘米高出地平面，以防下雨漫池逃鳝。墙面设有 T 字形出檐。池底铺泥 20 厘米，也可在底层不加泥，每隔 1 米筑 0.5 米宽的土埂一条，土埂略高于水平面。底层加土的池水可适当放浅些，一般 15～20 厘米，筑埂的池放 25～35 厘米。不筑埂的池，水面可放 1/3 的水葫芦。筑埂的池，埂上可种些植物，池中放些浮萍，以利于改善水质。在与水平面相平的池壁处设一个排水口，在其对面略高于水平面处设一个进水口。进、排水口处要用细网目铁丝网拦住，以防黄鳝逃逸。

2. 土池的建造

土池宜选建在土质坚硬的地方。从地面下挖 30～40 厘米，挖出的土在周围打埂。埂高 40～60 厘米，埂宽 80～100 厘米。埂要分层打紧夯实，池底也要夯实。有条件的养殖者，最好在池底先铺一层油毡，再在池底及池周围铺设一层无结节经编网，网口高出池口 50～60 厘米，并向内倾斜，用木桩固定，池底网上铺一层 30 厘米厚的泥土。若土池的四壁较为牢固且蓄水保水能力较强，建池时则可不必砌砖。反之，则可在四壁靠埂建砌厚度为 6 厘米或 12 厘米的砖墙或用石板砌边。砖墙或石板要竖立在池底的硬基上，墙高出埂面20～30厘米。池深一般70～100厘米。池埂上可种些爬架作物，如丝瓜、南瓜、豇豆等，在池的四周搭架，使茎蔓在池顶架上对爬。架高视栽培作物的需要而定。小面积家庭饲养，则可利用房前屋后空地，旧粪坑、低洼地和废蓄水池等改建或在楼房屋顶上建池养殖。

3. 养殖池的排水系统的建设

以前在设计养殖池时，为排干池水，设计了一个排水孔，为防池水过满，又设计了一个溢水孔。但在实际养殖中，溢水孔的位置是个令人头疼的问题。如果将其设计于离池底30厘米，而养殖幼鳝时我们又不需要那么深的池水。若将其设定为20厘米，在夏天高温时，为降低水温我们需将池水加深到30厘米以上，此时唯一的办法是将溢水孔堵上。而夏天的天气说变就变，假如暴雨来临没有及时打开被堵上的溢水孔，黄鳝就有漫池逃跑的可能。为此，经反复设计，成功地设计出一种将排水孔和溢水孔"合二为一"，能自由控制水深的排溢水管。该水管的制作及安装方法为：截取一节长度比池壁厚度多5～10厘米，直径为5厘米PVC塑料管，在其两端均安上一个同规格的弯头。将其安装在养殖池的排水孔处，使其一个弯头在池内，一个弯头在池外，使弯头口与池底相平或略低。这样，如果想将池水的深度控制在30厘米，则只需在池外的弯头上插上一节长度约为30厘米的水管即可。这样，当池水深度超过30厘米时，池水就能从水管自动溢出。而要排干池水时，只需将插入的水管拔掉即可。如果养殖池较大，可以多设一个排水管。

三、放养前的准备

1. 清池、消毒

鳝种放养前10～15天，清整鳝池，修补漏洞，疏通进、排水孔，并用生石灰消毒，每平方米用量为150～200克。放苗前6～7天注入新水备用。如有条件在放水前将底泥翻过来，在烈日下曝晒几天则更好。若是新建水泥池，则必须除去碱性。新建水泥池由于使用了大量的水泥，其碱性很重，若不采取措施将其除掉，直接放入黄鳝将有可能"全军覆没"。消除碱性一般采用水浸法，即将池水加满，浸泡7～10天，然后排干池水即可使用。若急需使用，也可按每立方米池水泼洒食醋0.5千克或冰醋酸10毫升，则浸泡1天即可使用。

2. 水生植物移植

养殖黄鳝具有良好的经济效益。目前，土池、水泥池、池塘、稻田和在池塘、稻田中设置专用网箱养殖黄鳝正在各地悄然兴起。然而许多养殖户却忽略水生植物栽培，致使水体黄鳝生存环境不良，而造成养殖失败。现将养殖水域水生植物（水草）移植技术介绍如下。

（1）水草在养殖中的重要作用

防暑降温　丰茂的水草能遮挡直射的太阳，确保在炎热的夏季鳝池（或网箱）水温在30℃以内（黄鳝能正常忍受的高温范围）。

改良水质　因投喂动物性饵料，鳝池水质极易败坏，产生有害物质，危害黄鳝。而水花生、水葫芦等水草具有强力吸污净化水质的功能，有明显改良水质的重要作用。

支撑鳝体　黄鳝用口咽腔、皮肤等呼吸空气以补充鳃呼吸的不足。而它体内的鳔已严重退化，不能像一般鱼类一样可在不同水层随意漂浮停留。借助于水草的支撑就可以停留于水的表层藏身，鼻孔露出水面直接呼吸空气，减少在水体上下频繁游动消耗体力而不适应。这一点在深水池或网箱无土养鳝中显得尤其重要和明显。

提供隐蔽场所　自然条件下，黄鳝喜好在水草多且避光阴暗的地方栖息索饵。人工养殖池或网箱中，白天黄鳝同样趋向多水草的地方隐藏。

御寒保温　冬季，鳝池或网箱中的水草枯萎，但不论是在干池还是在带水越冬中，覆盖在水表和泥表的水草仍能起到保温和御寒的作用。

(2)适宜养鳝使用的水草

针对水草所起的作用，选用水草要求是：该种水草应具有耐炎热和低温；水上枝多叶茂直立或匍匐状；水下根茎繁密，且纵横生长；根茎枝叶光滑；吸污净化水质功能强；繁殖快，易移植等特点。

水花生　水花生生长繁殖快，枝叶茂盛光滑，水上水下部分丛生，吸污净化水质能力强，适宜各类深浅水体养鳝使用。越冬期虽水面以上部分枯萎，但还有一定的密度覆盖泥面或水面可保持和缓冲气温，而水下部分依然繁密，利于支撑（深水越冬）黄鳝栖息越冬。但生长期常发虫害，应注意预防。

水葫芦　水葫芦生长繁殖快，枝叶较多光滑，水上部分丛生，水下部分根系少，无横向交错生长，无法支撑鳝体，吸污净化水质能力强，只适宜浅水体养鳝使用。越冬期水上水下部分均枯缩，不能用作深水黄鳝越冬使用。生长期一般无病虫害。

油草　油草生长繁殖快，水上部分杆叶数量多，细而粗糙，易伤鳝皮肤；水下部分根系纵横交错发达，吸污净化水的能力比水花生和水葫芦差，较少用于养鳝使用。越冬期水面以上部分虽枯萎，但十分密集。保持和缓冲温度能力最强；水下部分也依然茂盛，利于深水黄鳝的栖息越冬。生长期一般无病虫害。

比较水花生、水葫芦、油草的优缺点可见，养鳝以水花生为首选，冬季深水配以油草黄鳝越冬则为最佳方法。

(3)养鳝水域水草移植方法

在长江中下游地区，每年四五月份，野生水花生、大棚越冬保种的水葫芦、油草等就可采集移入鳝池和网箱，适当泼洒无机肥，保持水体透明度25～30厘米，移植的水草将迅速生长繁衍。在放养鳝苗后的整个养殖期，由于投喂动物性饵料，水质肥，水草不需特别管理而能够自然正常生长。

(4)鳝池及网箱水草的病虫害防治

据多年实践和调查，仅发现水花生易患虫害，这时向水草喷洒敌百虫即可消除。方法是将90%晶体敌百虫化水，在晴天傍晚，用喷雾器均匀喷洒在水草上，用量以不超过鳝池每立方米水0.2克为宜。

(5)水草造成逃鳝隐患的消除

水草造成逃鳝隐患有两个方面：一是水草沿池墙(或网箱)边缘向上生长，尤其是在池角(或网箱四角)，遇下雨黄鳝攀草而上逃逸，应及时削去周边水草。二是水草(油草等)的根扎入网箱的网片穿出网箱，如拔除后留下孔隙，黄鳝也会钻逃，所以网箱中水草过多应割除，而不得随意用力乱拔。

四、苗种的来源

目前国内养殖的黄鳝有两类，一类是泰国、越南的热带黄鳝，这类黄鳝繁殖力强、杂食性、生长速度快，从养殖角度来说是一种极佳的品种。但市场销售业绩不佳，其原因在于其肉质粗糙、品味不佳，因而市价很低，仅只有同期同规格本地黄鳝售价的一半不到，而且销售渠道狭窄，批量销售不畅。同时热带黄鳝引入国内养殖最致命的因素是不能自然越冬。另一类即是中国本土温带黄鳝，该品系主要分布于珠江流域以北，黄河流域以南，其中长江流域分布最多，自然栖息环境主要在田间、水沟和池塘等浅水带。进行人工养殖的苗种，一方面可以直接从自然环境收集小规格野生鳝苗，另一方面也可以从黄鳝繁殖场购进该品系的繁殖鳝苗。从养殖效果看，人工繁殖苗种成活率及增重倍数高，并且可以直接摄食黄鳝专用全价饲料，缺点是价格较高。野生鳝苗优点是价格便宜，但成活率及增重倍数受随机因素影响较大，加之有些地区野生苗种已逐渐匮乏。因此,养殖户可根据自身情况进行选择。目前,绝大部分地区的黄鳝养殖户都选择野生鳝苗作为养殖的苗种来源,但野生黄鳝的捕捞操作是以直接进入市场销售作为要求的,整个过程对鳝苗的影响是较为严重的,但一般养殖户对此问题都认识不足,因此,规范野生苗种的使用程序是极为必要的。但另一方面即使是规范的操作程序,其中的某些环节在很多时候是无法控制的。所以使用野生鳝苗必须慎重。

鳝种的来源与选择,直接涉及投入及其风险,是养殖黄鳝首先要解决的问题。目前生产中鳝种主要有下列几种来源。

1. 直接从野外捕捉

每年 4～10 月份可在稻田和浅水沟渠中用鳝笼捕捉,特别是闷热天或雷雨后,出来活动的黄鳝最多,晚间多于白天。一人一次可带 200 只鳝笼。晚间或雷雨后放入沟田,数小时后即可捕到黄鳝。用鳝笼捕捉黄鳝时,要注意两点:一是用蚯蚓作诱饵为佳,每只笼一晚上取鳝 2～3 次;二是捕鳝笼放入水时一定要将笼尾稍露水面,以使黄鳝在笼中呼吸空气,否则会闷死或患上缺氧症。黎明时将鳝笼收回,将个体大的出售,小的作为鳝种。用这种方法捕到的鳝种,体健无伤,饲养成活率高。另一种方法是晚上点灯照明,沿田埂渠沟边巡视,发现出来觅食的鳝鱼,用捕鳝夹捕捉或徒手捕捉(中指、食指和无名指配合)。捕捉时,尽可能不损伤作鳝种的个体。捕到的鳝种应立即放养。

2. 市场采购

在市场上采购鳝种,要选择健壮无伤的黄鳝。用钩钓来的黄鳝,咽喉部有内伤或体表有损伤,易生水霉病或体表溃疡,有的不吃食,成活率低,均不能作为鳝种。体色发白、无光泽、瘦弱的或活力不佳的,也不能作为鳝种。另外,市场上的商品鳝苗多数经历过不规范的运输过程,易患上“发烧”病。因此,养殖者应选购一直处于换水暂养状态的笼捕鳝种作饲养对象。凡是受农药中毒的黄鳝和药捕的黄鳝也不能养(药捕的黄鳝腹部多有小红点,时间越长红点越明显,活力也欠佳)。患有各种鳝病的,如常见的毛细线虫病、水霉病、梅花斑病,也不宜选用。一般可将黄鳝品种分为3种:第一种体色黄并杂有大斑点,这种鳝种生长一般;第二种体色青黄,这种鳝种生长一般;第三种体色灰,斑点细密,则生长不快。3种鳝种应分开饲养。每千克鳝种生产成鳝的增肉倍数:第一种为1∶(5～6),第二种为1∶(3～4),第三种为1∶(1～2)。鳝种的大小最好是每千克20～50尾,规格太小,成活率低,当年还不能上市;规格太大,增肉倍数低,单位净产量不高,经济效益低。不过这也不是绝对的,放养何种规格的鳝种还得考虑市场因素。如果春节前后市场上规格大的商品鳝价格很高,养殖者也可适当考虑放养大规格的鳝种,甚至成鳝。

3. 半人工繁殖的苗种培育

(1)模拟野外自然产卵环境,在养殖池让其自然繁殖

每年年底,从人工养成的成鳝中,选择体格健壮、尾重100～200克、体色黄而有光泽的个体,集中在富含有机质土壤的池中越冬,待翌年6～7月份自然产卵繁殖。当池中水温15℃以上时,要加强对这批鳝鱼的投饵喂养。在繁殖期要密切注意产出的卵和孵化的鳝苗,发现卵可取出专门孵化,发现苗也要及时捞出按不同规格分池放养,以防大吃小、相互残食。培育池内,可先用鸡粪等有机肥培育出浮游动物,然后将鳝苗放入,让鳝苗靠吃浮游动物生长。如浮游动物不足,则可辅助投喂一些煮熟的蛋黄浆。幼鳝一经开食,即逐渐分散活动。

(2)在野外收集黄鳝受精卵,然后人工孵化成苗

每年盛夏期,有些湖岸沼泽地区,农村的水沟和水稻田,常可见到一些泡沫团状物漂浮在水面上,这有可能是黄鳝的孵化巢。当发现这种现象时,应及时用瓢或盛饭的勺子轻轻将它捞起,放在

已盛入新水的面盆或水桶中。然后，将鳝卵小心地放在鳝卵孵化器中孵化。孵化期间管理与人工繁殖孵化期间管理相同。

(3)在野外直接收集野生鳝苗

在黄鳝经常出没的水沟中放养水葫芦，6 月下旬至 7 月上旬就可去收集野生鳝苗。方法是先在地上铺一塑料密网布，用捞海把水葫芦捞至网布上，原来藏于水葫芦根中的鳝苗会自动钻出来，落在网布上。收集到的野生鳝苗可放入鳝苗池中培育。另一种方法也可收到野生鳝苗。6 月中旬，可在黄鳝生活水域中预先用马粪、牛粪、猪粪拌和泥土，在水中做成块状分布的肥水区，肥水区可长出许多丝蚯蚓，开食后的幼鳝会自动钻入这些肥水区觅食，此时可用小抄网捕捉，放入幼鳝培育池中培育。

4. 全人工繁殖的苗种培育

全人工繁殖即将由人工繁殖的鳝苗加以人工培育。详见本书全人工繁殖的鳝苗培育部分。

五、野生黄鳝苗种的采集

1. 传统野生黄鳝苗种采集的误区

如何衡量野生黄鳝苗种的优良，即如何提高野生黄鳝苗种放养的成活率，是限制目前黄鳝养殖的关键因素之一。普遍的鳝鱼选择标准是：鳝苗体表色泽正常、无损伤、活动力正常，更有甚者认为只要是活动正常的即可。这一非理性的经验标准是从其他普遍水产养殖标准中得来的，但却使黄鳝养殖户们吃尽了苦头。因为这一标准极不适合鳝苗这一具有特殊习性的水生动物选购，加之人们对黄鳝生命力强的盲目认识，派生出的采集办法也是不恰当的。野生鳝苗是否优良，直观是无能为力的，重要的是对采集过程的把握。苗种采集过程处理恰当与否，直接维系苗种入池的成活率，同时也是养殖成功的关键之一。很多黄鳝养殖户由于对野生黄鳝在捕捞、贮存、运输、药物处理及下池等一系列复杂过程认识肤浅，直观片面地认为黄鳝生命力强，制定出错误的采集办法，从而造成养殖一开始就失败了，这种情况的存在是极为普遍的。本技术针对黄鳝特殊的生命活动和生理现象，制定出一套行之有效地野生苗种采集技术措施。严格按照本技术要求进行操作，可确保苗种入池成活率达90%以上。

2. 黄鳝苗种采集前的准备工作

(1)运输工具

车辆：微型车、三轮车或手扶、四轮拖拉机均可。

容器：采用可容水100千克的铁箱或内衬塑料膜的篾筐。

(2)容器内容物

两指以上聚氯乙烯网片。

井水、清洁的河道水(井水应提前10小时置入容器)。

(3)其他工具

称量工具、密眼网袋、编织带制篓筐。

3. 黄鳝苗种采集方法

捕捞方式：笼捕最佳、电捕可适量选用。

订户收购，要求捕捞户每天捕捉的黄鳝按1份黄鳝4份水的比例贮存，起笼到贮存时间尽量控制在1小时内。

养殖户必须在每天上午将当天捕捉的黄鳝收购回来，途中时间不得超过4小时。收购时，容器盛水至2/3处，内置0.5千克聚乙烯网片，同时加入皖龙2号和皖龙3号药物。

鳝苗运回，立即彻底换水，所换水的比例达1∶4以上，同时加入皖龙1号药物浸洗漂养1小时。浸洗过程中，剔除受伤和体质衰弱的鳝苗。1小时后，对黄鳝进行分选，规格分25克以下和25～50克两类，然后放入鳝池。整个操作过程，水的更换应避免温差过大(±2℃以下)。

六、鳝种的运输

采用农用车、拖拉机、摩托车等运输均可。要求准备较为宽松的容器，一般为铁皮箱、塑料桶或内衬塑料膜的竹筐。将黄鳝苗种放入容器，按 1 千克黄鳝 4 千克水的比例装运。运输前要将水面泡沫捞掉，以延长水的保质时间。运输路程要控制在 4 小时内，尽量选择就近购买，且路面尽可能颠簸小一些。

七、苗种放养

放养时间，既可在年底黄鳝冬眠前(冬放)，也可在春天黄鳝开食活动后(春放)，也可在每年 5～6 月份笼捕黄鳝大量上市的时候收购放养。无论何时放养，鳝种都要在放养前，用 10×10^{-6} 的孔雀石绿溶液，在水温 24～26℃条件下，浸洗 25～30 分钟。也可用浓度 3%～4%的食盐水，浸洗 4～5 分钟消毒，对防治水霉病比较有效，同时也可消除鳝种体表的寄生虫(如蚂蟥等)。消毒时，若水温低，浸洗时间可长些；若水温高，则浸洗时间要短些，并彻底剔除有伤、有病的鳝种。鳝种要求背侧呈深黄色，并常有黑褐色斑点，每尾体重在 20～30 克为佳。这种苗种适应性强，生长快。如采用天然幼鳝，一般每平方米放养鳝种 60 尾左右(规格 30～60 克/尾)。饵料丰富、换水方便、有一定养殖经验的，每平方米可放 5 千克左右，最多不能超过 10 千克。如采用人工培育的幼鳝，则每平方米放 150 尾左右，重约 3.5 千克。值得注意的是，黄鳝在饥饿状况下有自相残食的习性，因此放养时力求规格一致，切忌大小混养。

八、野生黄鳝苗种驯养技术

1. 驯养的意义

依据黄鳝天然食性，国内养殖者们普遍采用投喂鲜活饵料进行人工养殖,这些鲜活饵料包括蚯蚓、小杂鱼、河蚌、螺类或灯火诱虫。其优点是黄鳝能很快形成摄食习惯,但缺点也是明显的,表现为增重倍数低、数量无法长期稳定供应,尤其是大规模养殖时,这一局限性更加难以克服。

能否使用人工配合饵料饲养黄鳝是实施黄鳝规模养殖必须解决的问题。也有一些养殖户自己配制一些人工饵料进行饲喂,但由于对黄鳝的食性转变过程、人工饵料配制的营养全面性及制备方法等认识不足,摄食率和增重情况均不理想。

江苏省淡水水产研究所经多年的试制,在对黄鳝消化机能反复研究的基础上,成功地解决了黄鳝人工饵料的营养全面性和可食性。经大规模生产试验表明,该种专用饵料,黄鳝摄食率高、增重快、饵料系数低。

2. 驯养前的准备工作

河蚌若干:收购鲜活河蚌,置于池塘暂养贮存。

黄鳝专用人工饲料。

冷柜:河蚌肉使用前,先进行冷冻处理。

绞肉机(大号),配 2 个模孔(3～4 毫米、6～7 毫米)。

1.5 千瓦单相电机一台。

机架:安装绞肉机和电机。

3. 驯养方法

本技术是以建立黄鳝饥饿感和制作合适的饲料形状来达到提高黄鳝驯养的成功率。驯养饵料选用新鲜蚌肉,经冷冻处理后,用 6～7 毫米模孔绞肉机加工成肉糜,蚌肉不能被黄鳝有效消化,但却是黄鳝喜食的饵料之一。每天下午 5～7 时投喂,每天 1 次,投喂量控制在鳝苗总重的 1%。这一数量远在黄鳝饱食量 5%～6% 以下,因而黄鳝始终处于饥饿状态,为建立群体集中摄食条件反射创造了良好机会。投喂时先将河蚌肉糜加清水混合,然后均匀泼洒。3天后,观察到黄鳝摄食旺盛,即改为定点投喂。一般每池设4～6个点,继续投喂2天,投喂量仍为1%,此时黄鳝基本能在3分钟内吃完。第6天即改为人工配合饵料。

这种人工配合饵料的迅速转换绝不是针对投入任何人工饵料都行之有效,这种专用人工配合饵料必须具有特殊的饲料加工形状和成分组成。首先选用精心配制的黄鳝饲料50千克加入8%新鲜河蚌肉浆(3～4毫米绞肉机加工而成)和适量皖龙5号,以上述比例混合,用手工或用拌和机充分搅拌,然后用3～4毫米模孔绞肉机压制成直径3～4毫米、长度为3～4厘米的软条形饲料,略为风干,即可投喂。投喂时直接撒入定点投喂区域内,投喂量为2%左右,每天下午5～7时投喂一次,特别注意投喂量应以15分钟吃完为度,以提高饲料效率和降低载体的负荷。此种组合的人工配合饵料,投喂效果极为理想,黄鳝生长速度快。

九、生产管理

1. 饵料投喂

鳝种入池后,一般经过10～20天的连续驯食,即可完全养成白天摄食的习惯。成鳝养殖中投饵要遵守"四定"的原则:

(1)定时

水温在20～28℃条件下,每天上午8时,下午2时投饵,日投饵两次;当水温在15～20℃或28～32℃时,只需在下午2～3时投饵一次。

(2)定量

日投饵量主要根据季节水温和黄鳝的规格大小、数量多少来决定。具体地说,水温在15℃左右时开始投饵,日投饵量约占幼鳝体重的3%。水温在15～20℃时,投饵量逐步增加,日投饵量占黄鳝体重的6%～10%。水温在20～28℃时,日投饵量约占黄鳝体重的10%～20%。水温超过28℃时,日投饵量为黄鳝体重的

6%～10%。

(3)定质

黄鳝喜食新鲜饵料，厌食变质食物，投喂的饵料一定要做到新鲜不变质。

(4)定位

饵料实行定点投喂，可使黄鳝形成集中摄食的习惯，也便于人工观察黄鳝摄食情况，及时调整饵料投喂量。投喂点个数以每100 $米^2$ 鳝池 2～3 个为宜。

2. 养殖管理

实践表明，管理是否得法、细致，关系到黄鳝的成活率、生长和产量。养殖管理的几个重要环节如下：

(1)保持水质清新

黄鳝池应以中性或略偏酸性为好。水体主要营养盐类的氮磷比控制在 7∶1，这样有利于浮游植物的生长。铵态氮控制在 4×10^{-6}以下，溶解氧控制在 4 毫克/升以上。黄鳝能用咽腔呼吸，当水体短期缺氧时，黄鳝会把头伸出水面呼吸空气中的氧气，因此水体短期缺氧时黄鳝不会因泛塘致死。但缺氧会影响黄鳝对饵料的摄取，影响生长速度。鳝池水浅，投饵量多，又是动物性饵料，水质很容易恶化。防止水质恶化的有效途径是在池中放养 1/3 面积的水葫芦。水葫芦的根须发达，净化水质能力很强，同时黄鳝可钻入水葫芦的根须栖息。但在高温季节，水葫芦生长旺盛，隔天就要捞出一部分，投入养鱼池中喂鱼或做猪饲料。另外，黄鳝也吃些水葫芦的嫩根，可补充部分饵料。如果在池中再投放些绿萍，则净化水质效果会更好。用这样的办法可大大减少换水次数，延长换水时间。及时清除池中残饵及杂物，保持环境清洁，在正常情况下，不放漂浮水生植物的池，夏天 5～10 天换水一次，放漂浮水生植物的池，只需 15～30 天换水一次。特殊情况如闷热天气、浮头时、“发烧”时等及时进行换水。水质一旦恶化，也必须立即加注新水。

(2)防“发烧”

由于养鳝密度较高,黄鳝体表黏液分泌量也就较多。如果池水更新工作没做好,则黏液聚结,又经水中微生物分解,消耗大量溶解氧,并进行发酵,放出热量,使水温上升,常可达到40～50℃,俗称鳝池“发烧”。遇此情况,黄鳝烦躁难忍,互相纠缠在一起,大量死亡。因此,放养密度较高时,要特别注意经常加水换水,测量水温,保持水质良好,防止发生“发烧”情况。如发生了“发烧”情况,则应立即彻底换水抢救。将纠缠在一起的黄鳝拣出,放入清水,使之散开,然后再放回池里。如果水源供水不足,则可以向池水中洒入硫酸铜水溶液,按每立方米水体0.7克硫酸铜的用量全池泼洒,以抑制黄鳝黏液的发酵。

(3)防农药中毒

五氯酚钠、血防糊、呋喃丹、杀螟松、滴滴涕、氨水、苏化203和1605等农药对黄鳝毒害极大。在日常管理中,应注意有无农药混入水源。引用农田排水养鳝时,应注意是否施过农药。

(4)水温管理

黄鳝喜阴怕光,怕高温,在炎热的夏季要注意遮阴,防止阳光长时间的直射,保持水温相对稳定。如用水温较低的井水、泉水,则需经曝气升温,方可入池。如果大量低温水注入,则会造成池底温度骤降,黄鳝无法适应,将发生“感冒”而死亡。处理夏季池水温度过高或鳝池“发烧”时,进水温度不可太低,否则会顾此失彼。

(5)防敌害

水老鼠、飞鸟、蛇及家鸭等均可入池捕食黄鳝。一般采用捕捉或驱赶的办法将其清除。

(6)混放泥鳅

在鳝池中可以混养一些泥鳅(0.5～1千克/米^2)。泥鳅可吃去黄鳝的残饵,并能上下不停窜游,防止黄鳝互相缠绕所导致的损伤或死亡。

(7)加强管理,勤观察

坚持每日巡池2～3次,一方面观察摄食、生长、活动情况,有利于及时调整管理方法;每当天气由晴转雨或由雨转晴且闷热时,可见黄鳝出穴,竖直身体前部,将头伸出水面,这是水体缺氧之故。凡在这种天气的前夕,都要灌注新水。鳝种入池后,如发现黄鳝离穴独游,鳝体局部发白,这说明黄鳝受伤引起了水霉病,应立即采取措施进行治疗。雨天应注意溢水口是否畅通,拦鱼栅是否牢固,防止黄鳝借水势逃逸。

(8)防止浮头

黄鳝对水中溶氧的变化十分敏感,很容易浮头,平时特别要注意保持水质的良好,遇阴雨、闷热天气要及时进行冲水、换水、增氧,防止因浮头造成不必要的损失。

十、商品鳝的起捕与越冬

到了11月下旬,水温降至10℃时,黄鳝停止摄食,起捕季节已到。其捕捞方法有以下两种:

(1)利用冲水方法捕捞黄鳝

黄鳝喜在微流清水中栖息,掌握了黄鳝这一生理特点,可采取人为控制微流清水法捕鳝,方法简便易行。先将本池中的老水排出1/2,再从进水口放入微量清水,出水口继续排出与进水口相等的水量,同时在进水口处放入2～4米^{2}的网片,置于水中,网片正中放置黄鳝喜食的饵料,随后盖上芦席或草包沉入水底,约15分钟后,将四角迅速提起,掀开芦席或草包,便可收捕大量黄鳝。采用此法捕捞黄鳝,捕捞率可达60%左右。

(2)干池挖捕

越冬前,趁黄鳝大多潜伏在泥土表层时,可将塘水排干,翻泥捕鳝。挖捕黄鳝一般在越冬前11月份的晴天进行为好。

亲鳝池、幼鳝池和留待春节前后上市的鳝池，均应做好越冬保暖工作。一般可将水排干，始终保持泥土湿润。池中作埂的养殖池不必将水排干，使埂露出水面即可。严冬来临之前，池面上盖一层稻草防冻，并注意不要堆压重物，以防堵塞洞口，使黄鳝因得不到空气中的氧气而窒息死亡。

第八章　黄鳝的其他几种养殖方式

一、稻田养殖黄鳝技术

稻田养殖黄鳝是在稳定粮食生产的基础上，提高稻田综合效益和稻田产出率、农业增效、农民增收的一条发展生态农业的途径，是农村致富的首选项目之一。稻田养殖黄鳝，可摄食水生昆虫及幼虫，既有利于水稻生长，提高水稻产量，又可收获一定数量的黄鳝，提高了稻田的产出率和综合经济效益。入冬除留幼鳝越冬到次年春季继续饲养外，一般每亩产成鳝产量 100 千克以上，鳝鱼每亩纯收入 1 500 元以上，是一举两得的好项目，值得推广。

1. 养殖田块的选择

田块应选择在水源充足，水质良好无污染，排灌自如，安全可靠，旱涝保收，且具有通风、透光、土壤保水性能好、弱酸性土质的田块。

2. 稻鱼工程建设

田埂加高、加宽、加固，田埂高出田面 0.5 米，宽 0.4 米以上，田埂夯实不漏水，并在田块进排水口用密眼铁丝网罩好；其次，平整田块，四周开挖宽、深 0.4～0.5 米的排水沟，田内开数条纵横沟，宽、深 0.3～0.4 米，沟沟相通，形成“井”字状，沟系面积占 8%～10%；再次翻耕、曝晒、粉碎泥土后，每亩施腐熟发酵的猪牛粪 800～1 200 千克作基肥，均匀撒于田块中，3 月底 4 月初，进排水沟施 50～100 千克鸡粪，注水深 0.3 米，繁殖大型浮游动物供黄鳝摄食。

3. 水稻栽培技术要求

选择高产、优质、耐肥、抗倒伏的杂交一季稻，行宽20厘米×26厘米，保证水稻的基本苗和蔸。

4. 鳝苗放养

选择的鳝苗应无伤无病，游动活泼，规格整齐，体色为黄色可棕红色。一般每亩放规格30～50克/尾，800～1 000尾，并套养5%的泥鳅于田间，泥鳅上下窜动可增加水中溶氧，并防止黄鳝相互缠绕。苗种放养时温差不能过大，切勿用冷水冲洗鳝苗，而使鳝苗患“感冒病”。

5. 饲养管理

保持水质清新，肥活和溶氧丰富。动物性饲料一次不宜投喂太多，以免败坏水质。夏季要检查食场，捞掉剩饵，剔除病鳝；高温季节加深水位15厘米左右，利于黄鳝生长，暴雨时及时排水，以防田水外溢鳝鱼逃跑。黄鳝是以肉食性为主的杂食性鱼类，特别喜鲜活饵料，如小鱼、蚯蚓、蛆等，5～7天投喂一次，投喂量为30%～50%，把活小鱼、蛆等投入进排水沟，让黄鳝自由采食，并搭配一些蔬菜、麦麸等。生长期间也可投喂一些蛋白质较高的配合饲料，分多点投喂，确保鳝鱼均匀摄食。根据鳝鱼昼伏夜出的生活习性，初养阶段可在傍晚投饵，以后逐渐提早投喂时间，经过1～2的驯养，即可形成每日上午9时，下午2时，晚上6时3次投喂，每次投喂根据天气、水温及残饵多少灵活掌握，一般为体重的5%左右，坚持“四定”、“四看”投饵，形成黄鳝集群摄食的生活习性。

6. 田间管理

协调好水稻田间管理与养鳝之间的关系，注重养鳝与水稻耕作制度的配合，施农药时，宜施高效低毒农药防止农药过多直接落入水面。

7. 水质调节

黄鳝与水稻共同生活在一个环境，水质调节根据水稻的生产需要兼顾黄鳝的生活习性。初期，灌注新水，以扶苗活棵；分蘖后期水层加深，控制无效分蘖，也利黄鳝生长；生长期间，5～7天换注新水，每次换水量为20%，并加高水位10厘米，及时调节水质保持水质良好。特别在闷热的夏天，应注意黄鳝的生活变化，如黄鳝身体竖直，头伸出水面，表示水体缺氧，需加注新水增氧。

8. 鳝病防治

入田前，鳝苗用3%～5%的食盐水浸泡5～10分钟，杀灭体表病菌及体表寄生虫。生长期间，每15天向田沟中泼洒石灰水，每立方米用生石灰10～15克，化水泼洒。养殖过程中常发生的疾病有以下几种：

(1)水霉病

鳝苗入田前用3%～5%的食盐水浸泡5～10分钟即可。

(2)打印病

7月中旬易患打印病，采用5×10^{-6}漂白粉溶液全沟泼洒3天，后每15天泼洒一次，效果良好。

(3)肠炎病

夏季易发生，采用内服和外用药物相结合治疗，外用药物常用$(1\sim2)\times10^{-6}$漂白粉或$(0.2\sim0.3)\times10^{-6}$禽用红霉素全沟遍洒；内服药物，每50千克饵料用呋喃唑酮1克拌饵投喂，连喂3天。

(4)毛细线虫病

毛细线虫病是一种肠道寄生虫病，寄生肠道后半部，每千克鳝鱼用90%的晶体敌百虫0.1克拌入蚌肉投喂，连用5～7天，即可恢复正常。

9. 注意事项

①黄鳝养殖成败关键之一是田埂加固和防止渗漏。有条件的农

户，可用砖砌墙，水泥抹面，以防黄鳝打洞、田埂渗漏而使黄鳝外逃。

②稻田里使用农药要有选择性，最好选择对黄鳝基本无影响或影响不大的农药。因黄鳝轻度中毒后，体表无明显症状，1～2天不会死亡，所以，水稻田施用的农药要尽量避免黄鳝中毒。

③营造良好的生态环境，减少黄鳝的应激反应，把好种苗和疾病防治关，提高黄鳝的成活率。

二、工厂化无土微流水养鳝技术

工厂化无土微流水黄鳝养殖是近年来发展的一种新的集约化养鳝方式，与静水有土饲养法相比，因有流水，改善了水质，增加了水中的溶氧，具有养殖密度大，生长快、产量高、成本低、起捕方便等特点。

1. 工厂化黄鳝人工养殖的技术指标及特点分析

(1)技术性能指标

鳝苗入池成活率	95％
饲料系数(黄鳝专用全价饲料)	1.5
单位放养量	0.5 千克/米^2
防病措施	生态预防为主、药物预防为辅
载体自身净化能力	较强
载体人为控制净化能力	较强

(2)技术经济指标(以每 100 米^2 计算)

固定资产投资	供水系统	0.3 万元
	建池及辅助设施	0.4 万元
流动资金		0.5 万元
产量		250 千克
产值		1.6 万元

(3)工厂化黄鳝人工养殖特点分析

工厂化养殖又可以称为室外无土水泥池微流水养殖，池内覆盖水葫芦以提供黄鳝潜伏和遮阴的环境。这种养殖方式相对于庭院养殖在一定意义上是一个飞跃。由于改善了载体的自身净化能力和人为调控的作用,高密度养殖的安全性得到进一步提高。虽然该养殖方式所提供的养殖环境与黄鳝的自然环境有一定的不同,但合理的池内布局和设计直接改良了养殖黄鳝生命活动的主要环境因子,因而更趋理性。其特点有:

①养殖池为砖石水泥结构,无土,载体为水体。

②由于日常管理和排污的有效进行,强度投喂得到充分实现。

③使用黄鳝专用人工饵料进行强化投喂。

④越冬管理及捕捞均较为方便。

⑤适于成片管理。

⑥载体水溶存量大,需大量水源保障供应。

⑦由于水葫芦的覆设是工厂化养殖的必要环节,但水葫芦不能自然越冬,因此必须同时设置水葫芦促种设备。

⑧适于大规模养殖投资,养殖面积宜在 1 000 米^2 以上,形成规格效益。

2. 养殖池的建池要求

(1)水源

依靠水体持续不断地更新来保持养殖环境正常的理化特性是本技术的最主要特点,也是高密度养殖有效进行的唯一方式。一般每 100 米^2 日需水量要保证 15 米^3,因此要求水源丰富,同时水质无污染、有机质含量低、水温昼夜差异不大。

从水的来源分类:

水库水　一般水库水的水体都很清澈、溶氧丰富、有机质含量低,且有害病菌和寄生虫类少,是极佳的养殖用水。取水采用表层 1 米以下左右的水层,该水层水温恒定,基本无昼夜温差。

井水　地下水是作为黄鳝养殖用水的优良选择途径。其水质清新,杂质少,几乎没有有害病菌和寄生虫,但使用必须充分考虑:

水量渗出供应能否满足养殖需求;须经蓄水池充分曝气,平衡温度。

河道水、湖泊水　由于自然流经和养殖开发的原因,该水源虽然溶氧丰富,但一般都含有较多的杂质和有机质,有一定的浑浊度。并且含有一定的病害。如果选作黄鳝养殖用水,应该建蓄水池,以便于对水体进行沉淀或必要的消毒。

池塘水　此种水源有机质和浮游生物浓度极大,尽量不要选用。

(2)交通

交通要求基本便利,机动车能到达。

(3)地理

地势平坦,开阔,硬土基,排水方便。建池坐北朝南,避免北风直向处,如果平原地区,建池北向尽量密植树林。

3. 工厂化黄鳝养殖池的规划设计

①鳝池全砖石水泥结构,内壁光滑,四角修成弧形。池底铺设5厘米混凝土,表面水泥抹光,并整体水平,施工应确保不开裂、不漏水。

②池壁顶部修成T字形,既可防止黄鳝逃逸,又可避免鼠蛇的侵入。

③鳝池两则覆设大量水葫芦,不仅可提供鳝苗潜伏、夏季遮阴降温和冬季保温,同时更具有极强的水质净化作用。

④鳝池中间留出1米宽空置区,作为投喂饲料场所,同时由于鳝苗在水葫芦下活动,可将污物集中于中间,排污极为方便。

⑤鳝池水体溶存量大,约3米^3,有害溶存因子难以达到危害浓度。

⑥进水排水方便、快捷(图5)。

4. 鳝池放养前的准备工作

鳝池建好后,灌满水浸泡15天后彻底换水,5月上旬引种培

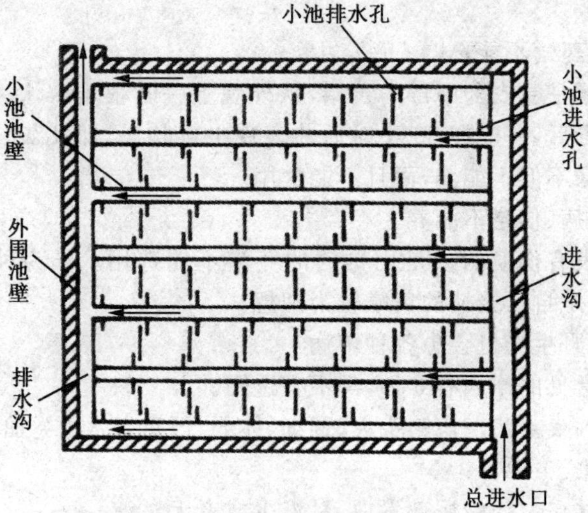

图5 黄鳝工厂化养殖总体规划布局图

育水葫芦。

水葫芦培育可用池塘，也可直接在鳝池中进行，保持水体一定肥力。大约1个月，水葫芦繁殖足够多后，可将所有鳝池按设计要求置满水葫芦，要求放置紧密，没有空隙。鳝苗放养前两天，按 1.5×10^{-6} 泼洒皖龙3号，连续3天。

5. 鳝种的选购

养殖的鳝种最好是人工繁殖的鳝种，此类鳝种易驯养、成活率高、苗种纯、病害少，较适宜于人工养殖环境，易养殖成功，但这类鳝种数量较少。目前，养殖黄鳝的苗种大部分来自野生黄鳝种，由于捕捞的野生鳝种带内伤或外伤的较多，如选购不当易造成驯养失败。故要注意以下几点：

(1)发烧鳝不能当种苗

黄鳝有一种难治之症，即发烧病。主要是由于高密度运输和暂养所致。

(2)药鳝不能选购

药鳝是受农药中毒的黄鳝,从外观上一时很难辨认。黄鳝受农药中毒后,一般在 30 小时后才表现中毒状态,即发灰、翻肚等。这种药鳝不但不能养,而且不能食用。

(3)病、伤鳝不能养

体表有伤痕的或是用钩钓的黄鳝不能选用。作为种苗的鳝种,最好是自己笼捕的黄鳝较为理想。

(4)野生鳝也会患各种鳝病

较常见的鳝病有 3 种,都不宜选用。

毛细线虫病　病鳝头大、颈细、体弱,严重者常呈卷曲状,此病极易感染。

水霉病　病鳝尾部发白、黏液少或者无黏液。

梅花斑病　也叫腐皮病,患病鳝体有明显的红色凹斑,如黄豆大小。

6. 鳝种的放养

鳝种经驯养开食后,可进入成鳝池养殖。

(1)放养时间

鳝种放养一般以早春放养效果较好,水温在 15℃左右时最佳。当水温在 15℃左右时,经过越冬的黄鳝开始大量摄食,此时黄鳝驯养成活率高,食性易改变,有利于黄鳝在养殖过程中的快速生长。如开春后购种有困难,可在前一年秋季有计划的贮养好鳝种,待春季水温回升,即投放鳝种。根据养殖经验,鳝种投放还有一个时间,即 7 月下旬的鳝种成活率相对较高,避开 6 月至 7 月中旬黄鳝的产卵季节,在此时放养鳝种是一个较好的时期,此时的鳝种价格较低,供应量也大。

(2)放养密度

放养密度要根据养鳝场的设施条件、饵料来源、鳝种规格及饲养管理技术等因素来确定。一般每平方米放养体重在25～40克的鳝种50～100尾，即每平方米1.0～1.5千克。如条件好，管理水平高，可以多放一些，达到3千克/米^{2}以上。鳝种的规格如偏大，尾数应相对减少，反之，则增加放养量。

(3)鳝种放养注意事项

①同一个池放养宜一次性放足鳝种。

②同一池中的鳝种规格力求一致，避免因规格不整齐引起大吃小的现象。

③放养前可用4%的食盐水浸洗消毒5～10分钟，以杀灭有害病原，同时可以剔除体弱、有病害的鳝种，减少养殖过程中的发病率。

④待黄鳝摄食正常后，可在池中搭养少许泥鳅，数量占5%左右。泥鳅上下游串，能防止黄鳝在高密度状态下引起的相互缠绕，以降低黄鳝病害发生率。

7. 饲料投喂

(1)饲料种类

目前，国内黄鳝人工养殖所使用的饲料大致可分为三大类：动物性鲜活饲料、动物性下脚饲料及人工配合饲料。

动物性鲜活饵料　主要有水丝蚓、蚯蚓、蝇蛆、黄粉虫、螺、蚌及昆虫等，这类饲料适口性好，饵料中蛋白质含量较高，营养成分全，转化率佳，是黄鳝喜食的鲜活饵料。也有人用鲜活小鱼、虾养鳝，效果也不错。

动物性下脚料　动物下脚料作为补充性饲料是可取的，一般不作为饲料直接投喂，可将这些下脚料加工后投喂，效果较好，如肠衣下脚料、蚕蛹等。但黄鳝不食腐败饲料。

人工配合饲料　不少养殖户把国内外市场上的鳗饲料、甲鱼饲料等作为黄鳝饲料，养殖结果表明，黄鳝的摄食率、消化吸收率低，诱食性也差，养殖效果不理想。江苏省淡水水产研究所经过多年的试验，已开发出黄鳝专用配合饲料，圆满解决了“黄鳝不肯吃人工配合饲料”的难题。其饲料系数为1.5～1.8。

(2)驯饲

鳝种刚入池的开头3～4天不投饲料，使其腹中的食料消化排泄而成空腹。然后将池水排干，再加入新鲜水，这时，黄鳝处于饥饿状态，就可以在晚上进行引食。引食饲料一般采用黄鳝最爱吃的蚯蚓等，而后逐步让黄鳝摄食配合饲料。

引食投饲量第一次的投量可为鳝种总体重的1%～2%，第2天早上检查，如果全部吃光投喂量可增加到2%～3%，如水温在20～24℃时投饲量可增加到3%～4%，如当天的饲料吃不完，第2天早上要将残饵捞出，就不再增加投饲量。一般6天以后就可以完全正常投饲。

(3)投饲方法

投饲要做到“四定”、“四看”的原则。

“四定”

定时　水温20～28℃时，上午7～8时，下午5～6时，各投饲一次。

定量　水温20～28℃时，日投量一般鲜活饲料为黄鳝体重的5%～10%，配合饲料为2%～3%。具体要根据“四看”而定。

定质　饲料要新鲜，最好是鲜活料，黄鳝很贪食，往往一次会吃得很多，或将大块饲料吞入腹中，造成消化不良，几天不摄食，严重的还会胀死，因此，一定要将饲料切碎。

定位　饲料投放点应固定，尽可能投饲点集中在池的上水口，这样，饲料一下水，气味就流遍全池，透使黄鳝集中摄食。

“四看”

看季节　根据黄鳝四季食量不等的特点，掌握投饲量。重点在 6～9 月份，投饲量占全年的 70%～80%，见表 8。

表 8　投饲率与水温表

月份	4	5	6	7	8	9	10	11
平均水温(℃)	16	22	25	29	28	20	18	14
鲜活料日投饲量占黄鳝体重的百分率(%)	3	4	5	6	8	10	6	3
干饲料日投饲量占黄鳝体重的百分率(%)	1	1.5	2	3	4	5	3	1

看天气　晴天多投，阴雨天少投，闷热无风或阵雨前停投，雾天、气压低时，要雾散后再投。当水温高于 28℃，低于 15℃时要减少投喂量。

看水质　水肥时可以正常投饲，水瘦时适当增加投喂量，水质过肥投喂量适当减少。

看食欲　鳝活跃、抢食快、食欲旺，短时间内能吃光饲料的，应增加投喂量。反之，应减少，一般以黄鳝能在 2 小时内全部吃光为度。

8. 日常管理

(1)日常管理的项目

①水质管理　当载体自身净化能力不能有效抑制养殖水体的恶化时，通过人为措施稳定养殖水体的正常状态。

②排污　采取人为措施，切断和消除载体的污染源。

③巡池　定期巡视和检查，杜绝偶然情况的发生。

④高温管理　采取有效的降温措施，使载体温度稳定在适宜的范围内，保障黄鳝的正常摄食和快速生长。

⑤越冬管理　采取有效的保温措施，使黄鳝安全越冬。

(2)日常管理的操作

①水质管理　水质管理主要通过微流水和彻底换水两种方式结合来实现。

微流水的流量应控制在每小时0.01～0.1米^3,早春及晚秋保持下限,高温季节取上限。当水源方便或建有蓄水池时,可24小时持续进行。在水源不便或无蓄水池时,可在投喂前后4小时集中进行,流量可适当增加到每小时0.4米^3。

彻底换水的操作对黄鳝养殖是极为重要的环节。一般每3～5天彻底换水一次,高温季节取下限,其他季节取上限。如果没有微流水配套,应2～3天彻底换水一次。彻底换水的时间宜在上午。

②排污　排污作为水质管理的必要环节,可以彻底减少水质恶化的污染源,同时也降低了载体的有机负荷。

在彻底换水的操作中,当水彻底排干后,用扫帚将集中于中间空置区的排泄物、食物残渣等扫至水口排掉,同时将繁殖过密的水葫芦清除一部分,清除水葫芦时注意根系中常带有黄鳝潜伏。因为水葫芦下的污物难以排除,加之水葫芦覆盖,常导致这一区域的水质败坏,所以在每次排水结束后,应施入一定量的皖龙4号药物。

③巡池　巡池的内容有:防止老鼠及蛇类侵入;及时清理死亡和体质衰竭的鳝苗;保持进排水系统的畅通;雨季尤其是暴雨季节严防溢池事故发生。

④高温管理　加强水质管理及排污的力度。提高水葫芦的覆盖密度,以降低载体的温度。确保载体水温不超过32～33℃,必要时加强进水以降低水温。

⑤越冬管理　逐渐降低水质管理及排污的频率,停食后,可停止排污。在冬季来临之前,维持水葫芦的覆盖密度,必要时增加一些草类覆盖,以达到保温的目的。

三、网箱养鳝技术

网箱养殖黄鳝与利用常规的水泥池、小土池等饲养方法相比，具有固定投资小、劳动强度轻、规模可大可小、易操作管理、黄鳝生长快、疾病少、起捕灵活方便等优点，近年来已在江苏、浙江、湖北、湖南等省展开。国内许多养殖者通过多年的养殖，认为黄鳝网箱养殖切实可行，是一项高产高效、应用潜力大的新兴养鳝方式，具有广阔的发展前景，是今后黄鳝集约化和规模化养殖的主要发展方向。在进行网箱养鳝时，一定要选择水质清新的水域。合适的水域主要有河沟、水库、湖泊、池塘等。这里重点介绍目前生产上常用的池塘内设置网箱进行网箱养鳝的方法，其技术要点如下。

1.网箱黄鳝人工养殖的技术指标及特点分析

(1)技术性能指标

鳝苗入箱成活率	95%
饲料系数(黄鳝专用全价饲料)	1.5
单位放养量	0.7～0.8 千克/米^2
防病措施	生态预防为主、药物预防为辅
载体自身净化能力	强
载体人为控制净化能力	一般

(2)技术经济指标(以单个网箱计算，每箱 15 米^2)

固定资产投资	120 元
流动资金	1 100 元
产量	45 千克
产值	2 200 元

(3)网箱黄鳝人工养殖特点分析

①网箱黄鳝养殖具有网箱养鱼的共性，箱内水体与设置大水体的对流，充分解决了黄鳝养殖水质难控制这一难题，因此网箱黄鳝养殖具有其他黄鳝养殖方式不可替代的优越性，养殖单产也是

最高的。

②由于箱内水体与设置水域的水体可进行自由交接，载体水质得到充分保障，可实现强度投喂。

③使用网箱黄鳝养殖专用饲料。

④单位水面防病药物相对费用较低。

⑤越冬管理及捕捞均较为方便。

⑥因为鼠害及黄鳝穿箱的潜在隐患，所以必须严控定期检查网箱安全性。

⑦网箱养殖黄鳝主要覆盖设置物是水花生，而水花生根须发达，其生长纵横交错，日常管理及检查难度较大，尤其是出现病情时，残次及死亡鳝苗很难清理。

⑧箱体由密眼网片组成，养殖期内极宜附着藻类植物，养殖期间必须频繁洗刷箱体。

⑨适于中小规模投资，如管理能跟上，养殖面积可扩大。

⑩由于有大水体自身净化能力的支撑作用，加上人工的水质控制药物调整，网箱黄鳝养殖的水质可以得到充分保障。

2. 网箱设置的水域要求

选择网箱养殖黄鳝是由于大水体的生态缓冲能力，能够更有效地控制水质，因此，一般要求网箱设置水域一般不宜过小，合适面积在 1～10 亩以内，水深 1～1.5 米。面积过小或水体过浅不能发挥网箱养殖的优势，面积过大或水体过深会造成管理难度加大。选定的水域应坐北朝南，避免北风劲吹，平原地区北向应密植树林。

选定作为网箱养殖黄鳝的水体，一般要求底泥不宜太厚，最好底泥厚度低于 15 厘米，尤其是富营养性底泥。因为特定水域设定了一定规模的网箱后，底质的曝气效果，光合作用及水层对流均受到严重抑制。底层缺氧状况加剧，促进了厌氧硫化菌的硫化过程，硫化氢浓度快速上升，极易达到有害浓度，从而造成对黄鳝的生长发生影响,严重时黄鳝会出现中毒死亡。如果水域条件选择无法避免,在设置网箱时,应对底质进行处理。

网箱黄鳝养殖的水域可以放入一些耐低氧和控制水质的鱼类,一方面可以活跃水体,促进水体流动;另一方面可以清理黄鳝养殖形成的残剩饵料和有机质。可选用的品种以鲫、鲤、鲢、鳙较好,数量每亩 25～50 千克,具体数量可根据放养规格来决定。由于网箱养殖的水体溶氧降至 2～3 毫克/升以下是经常性的,虽然缺氧对黄鳝没影响,但放养的鱼类会缺氧死亡,要做好增氧工作准备。

对于有条件的黄鳝养殖单位,如能将设置网箱养殖的水池进行水泥护坡,并增设防护板,将更有利于网箱黄鳝养殖的管理和增大养殖成功的保险系数。从调查情况看,网箱养殖黄鳝由于鼠害等事故造成黄鳝穿箱逃逸的情况时有发生。上述改造后将有利于避免这些情况的发生。

3. 网箱的制作与设置

(1)网箱的制作

材料选用网质好、网眼密、网条紧的聚乙烯(PP)无结节网片。网目大小视养殖黄鳝的规格而定,以不逃黄鳝且利于箱内水体交换为原则。生产上一般选用网目为 10～36 目,网箱上下钢绳直径为 0.6～0.8 厘米,将网片拼接成长方形网箱,规格为 3 米×2 米×1 米(或 10 米×3 米×1.2 米),在网箱口上方一周伸出 6 厘米的宽檐。

(2)网箱的设置

网箱的设置有两种方式:固定式和自动升降式。网箱成排排列,两排之间架设投饲管理的人行“桥”。

固定式:采用长木桩打入池底,每个网箱 4 个桩,木桩要求粗而牢,入泥深而稳,高出正常水面 60～80 厘米。桩排列整齐,在同一直线上,桩与桩间还可用尼龙绳相连,并向网箱外端拉纤,使桩更加稳固。网箱四角绳头各稳系于木桩,拉紧张开网箱,并使网箱上缘出水 50 厘米。

自动升降式：是以油桶等浮力大的物体代替木桩，并且按网箱大小用钢筋角铁或竹木材料水平固定框架，网箱四角绳头系于架上的坚桩，网箱能够随水位自动升降。网箱自动升降式相比固定式而言，管理方便，但造价较高。

网箱一般设置于池塘避风向阳处，箱体入水 50～70 厘米，箱底距池底高度 0.5 米。网箱在鳝种入箱前 5～7 天下水，有利于鳝种进箱前在箱的网片上形成一道由丝状藻类组成的生物膜，避免鳝种摩擦受伤。待网箱固定后，在网箱内投放水花生（喜旱莲子草），其覆盖面占网箱面积的 80%左右。这样即能起到净化水质的作用，又能为黄鳝提供隐蔽歇阴场所，有利于黄鳝的生长。移植水花生最好去根洗净后放在 5%的食盐水中浸泡 10 分钟左右，以防止蚂蟥等有害生物随草带入箱中。

(3)池塘设置网箱的数量

具体数量视池塘大小、养鱼的密度、机械配备、饵料配套及养殖管理水平而定，一般而言，网箱设置总面积以不超过水域总面积的 50%为宜（图 6）。

网箱	间隔	网箱	间隔	网箱	间隔	网箱	间隔	网箱
			池		塘			
网箱	间隔	网箱	间隔	网箱	间隔	网箱	间隔	网箱

图 6　池塘中网箱布置平面示意图

(4)制作食台

用高 10 厘米、边长 40～60 厘米的方木框制作，框底用聚乙烯绳编织围成，食台固定在箱内水面下 10 厘米处，每箱 1～2 个食台。

4. 鳝种的放养

目前网箱养殖鳝苗来源有两种：人工繁殖苗种和野生苗种，人工繁殖苗种养殖成活率高、增重快，但苗种成本较高，野生苗种成本低，但养殖成活率相对较低，增重较慢。鳝种投放规格一般在尾重 20 克以上。投放前应用 $(10\sim20)\times10^{-6}$ 高锰酸钾溶液浸洗 10～30 分钟，或用 3% 的食盐浸洗 10 分钟，也可采用其他抗生素等进行药浴。在浸泡过程中，剔除受伤、体质衰弱的鳝苗，并进行大小分级。一般分为 50 克/尾以下和 50 克/尾以上两级饲养。放养时间为每年 4～5 月份或 7 月下旬至 8 月份。放养量 1.5～2.5 千克/米^2(人工繁殖苗种取下限，野生苗种取上限)。如只是为了换取季节差价，不图增重，最大放苗量可达 4～5 千克/米^2。

5. 饲料投喂

养成阶段的饲料主要以小杂鱼、蚯蚓、螺蚬、蚌肉等为主，也可投喂人工配合饲料。苗种刚放入网箱时，投饵范围要大些，然后逐步驯化到定质、定位、定时、定量。

定质：饲料必须新鲜且营养丰富，投喂时其大小以黄鳝张口即可吞入为宜，大块料必须切碎或用绞肉机绞碎。另外，投喂黄鳝的饲料需做成条状定时投在食台上。

定时：黄鳝喂食，每天 1 次即可，在每天日落前 1 小时左右进行投喂。10 月份后水温渐低，黄鳝投饵时间可逐步提前到温度高的下午。

定量：养殖期鲜饵日投喂量占黄鳝体重的 5%～10%，11 月份后为 3%。干饵投喂量占黄鳝体重的 2%～4%，11 月份后为 1%。

具体日投饵量主要是根据天气、水温、水质、黄鳝的活动情况灵活掌握，原则上一般以每天投喂 2 小时左右吃完为度，尽量做到让黄鳝吃匀、吃饱、吃好。

6. 饲养管理

做好日常观察和检查，坚持早晚巡塘。要经常检查清洗网箱，一般在生长季节隔天清扫一次网箱，清扫时可用扫帚或高压水枪。要经常仔细检查箱体是否被水老鼠咬破，如有漏洞应及时修补，有条件的养殖户可在网箱养殖区外侧拦设围网防逃。要定期捞取网箱内过多的水花生，防止水花生生长过旺长出箱体，在雨天造成逃鳝现象。要注意池塘水位变化，特别是夏季下暴雨或高温干旱时，应及时调整网箱位置。随着黄鳝个体长大，应及时筛选分养，调整密度，防止黄鳝以大吃小，根据鳝鱼大小分养于不同网箱，约 30 天分养一次。

7. 鳝病防治

在 5～9 月份每半个月用漂白粉或二氧化氯挂篓（袋）一次，每个网箱挂 2 个袋，每袋放药 150 克，并定期在箱内水体中浸沤苦楝树皮等中草药。

对收集的饵料严格挑选，防止病从口入。定期投喂添加 0.5%土霉素药渣的配合饵料。每半个月清洗一次箱底，以防残饵腐败水质。

选用对黄鳝无副作用的药物进行水体消毒。外用药有漂白粉、强氯精等，内服药有氟哌酸、痢特灵、中草药等防病药物。

四、流水鳝蚓合养技术

鳝蚓合养，即将蚯蚓和黄鳝合养在一起，蚯蚓繁殖长大后直接供鳝鱼食用。现将此法简要概述如下（图 7）。

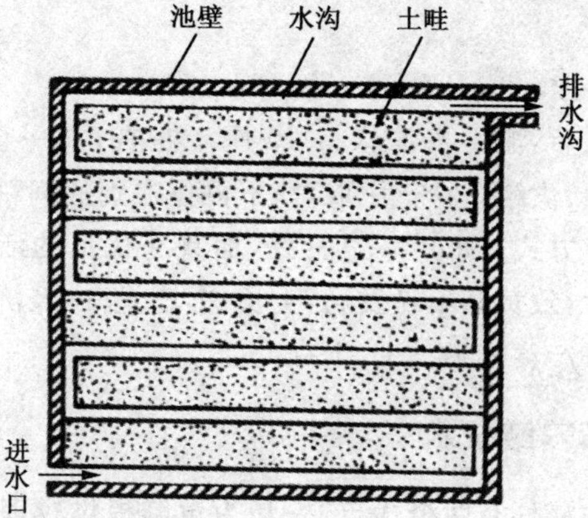

图 7　流水鳝蚓合养池

1. 建池

选择有常年流水的地方建池。池为水泥池，池面积 30～80 米²，池壁高 80～100 厘米，在对角处设进水口和出水口，均装好防逃设施。在池中，堆若干个宽 1.5 米、厚 25 厘米的土畦，畦间距离 20 厘米，作为水道。四周水道与池壁保持 20 厘米的距离。堆土应是含丰富有机质的壤土，便于蚯蚓繁殖，黄鳝钻藏。

2. 培养蚯蚓

土堆好后，使池中水深保持 5～10 厘米，然后每平方米土畦面积放大平 2 号蚯蚓种 2.5～3 千克，并在畦面上铺 4～5 厘米厚的发酵过的牛粪，让蚯蚓繁殖，以后每隔 3～4 天，将上层被蚯蚓吃过的牛粪刮去，每平方米加铺新的发酵过的牛粪 4～5 千克。经过 14 天左右，待蚯蚓大量繁殖后，即可放入鳝种。

3. 放养

以整个池面积计算，每平方米放养鳝种 3～4 千克，规格为 40

尾/千克左右。

4. 管理

鳝种放入后，池中水深保持 10 厘米左右，并一直有微流水。蚯蚓不断繁殖，供鳝鱼在土中取食，不再投喂别的饲料。

这种养殖方式以水质一直良好，而且有优良的活饵料——蚯蚓供黄鳝摄食，致黄鳝不易发病，生长快，产量高，经济效益好。一般每平方米可产黄鳝 14～15 千克。

五、浸秆养鳝技术

养鳝池中浸秆有两个优点：一是为黄鳝提供较理想的栖息场所，并可避免黄鳝之间互相缠绕。二是为黄鳝的各种饵料生物提供自然繁殖的良好场所，解决黄鳝饲养中的部分饲料。试养结果表明，浸秆养鳝成本低，饲养技术简单，效益较好。具体方法如下：

选择用砖头、水泥砌成的水深 1 米、面积 20 米^2 左右的养鳝池(浸秆对底质为土质的更有利)，在池底铺上一层厚 15 厘米的肥泥，在肥泥上铺一层 10 厘米的禾秆或麦秆等，上覆几排筒瓦，供作黄鳝栖息的鳝窝，然后注入 40 厘米深的水。1 周后水中生出许多小虫，可放养黄鳝，每平方米放养规格为 10 尾/千克的黄鳝 5 千克左右。以后的饲养管理参照常规黄鳝养殖。鳝种放养 6 个月后即可捕捞上市。

六、鳝、鱼、藕兼作

选择地势平坦、进排水方便、保水性能好、塘埂无渗漏的藕塘进行黄鳝养殖。每亩放养鳝种 200～250 千克，规格为 30 尾/千克。同时放养 0.5 克/尾左右的泥鳅 0.6 万～1.0 万尾；规格 10～15 尾/千克的鲢、鳙夏花 300～500 尾。为防止塘水外溢、苗种逃逸，要建造高于地面 70 厘米以上的塘埂。

七、鳝鳖混养

鳖是一种经济价值较高的水产动物。经试验，在鳝池中混养鳖，能取得较高的经济效益。鳝鳖混养池的结构，以采取鳝池中作埂的形式为好，池水可加深 20～30 厘米。鳖放养的规格以每只 250 克以下为宜，每平方米放养 1～2 只。放养时间在放鳝种后 15 天放鳖。黄鳝反应灵活，鳖一般是捕食不到黄鳝的。而且鳖能摄食腐败的动物尸体，可将黄鳝吃剩的食物清除掉。鳖用肺呼吸，不与黄鳝争夺水中的氧气。黄鳝与鳖的饵料基本相仿，只要在投饵时适当增加投饵量即可。经 6 个月饲养，鳖的体重可增重 2～3 倍，每平方米可产鳖 1 千克，产鳝 3～5 千克。

八、使用竹制鳝巢养殖

在养鳝实践中发现，黄鳝非常喜欢藏于竹子的中空间，据此，湖北省京山县水产局吴日杰专门以竹做巢，进行了使用竹制鳝巢养鳝试验。取得了较好的效果，其主要做法如下：

1. 鳝巢制作

用旧楠竹将其用锯子锯成 2 米左右一段。将每段两头节隔打穿，中间是长节的在其一端锯一个洞口，是短节的两节锯一个洞口，要正好锯在竹节上，使其两节各有一个洞口，整段竹子洞口要锯在同一条线上。洞口大小视其竹子粗细、鳝体大小而定，以黄鳝能自由进出期间为宜。

2. 竹巢的设置

使竹巢排的竹竿顺水流方向，每两段竹子相靠而置，洞口方向向相反的两边或都朝上，池周各留 25 厘米宽的人行道。全池共设五排，每排间距 20 厘米左右。每排竹巢下垫长 1.55 米竹竿 2 根，一头一根，与竹巢排垂直。竹竿两端用砖 1～2 块平搁，使竹巢下面成较大空间,便于流水排污。为了固定竹巢位置,每排竹巢的每两端相邻的竹竿上用砖压住,压砖多少以竹竿不漂浮滚动为准,压砖最好压在竹巢洞口上方,以起到遮光荫蔽作用。

3. 鳝池的建造

鳝池用红砖水泥浆砌成,池面积为 12.5 米×2 米的长方形,池底自南向北略倾斜,以便排污。池壁高 70 厘米,厚 25 厘米,上有用砖砌成的防逃盖,向池内伸出 10 厘米,内壁用水泥沙浆粉面。池底用混凝土倒底,其厚度 3 厘米。要求池壁面、底面尽量光滑。

4. 使用竹制鳝巢养鳝优点

(1)体能消耗少,相对生长快

鳝苗一入养殖池,不论体强体弱,不分个体大小,很快自由进入竹洞之中,然后将头伸出洞外,自由呼吸水中溶氧或有时将头伸出水面,一有响动,很快将全身缩入洞中。鳝在竹洞中似乎感到十分安全。3 天之后,鳝苗自由地进行了疏密调整,只见全池鳝苗分布均匀,各得其所。因为无须其自己挖洞,体能消耗少,弱鳝也不费劲地找到其合适的栖身之处。所以摄食很快转入正常,体质自然恢复也快,相对生长快。普通鳝池则不然,鳝苗入池后首先是选位挖洞,反复选,反复挖,需消耗大量的体能,加之生物个体间的生存斗争,大者、强者抢占小者、弱者之洞,使弱者体质不堪忍耐而死亡相对较多。

(2)便于水质管理,排污可彻底

竹子本身很干净,加上竹巢的竹竿顺水流方向,下面除搁竹巢的砖与池底接触外,其余部分都腾空而置。只要从池高端向低端方向放水,污物自然顺流而下,只要控制好进水阀,想换多少就换多少水,排污自然可彻底。这就克服了普通鳝池放水水浑,排污时泥沙俱下以及水流形成的死角排污无法彻底,还要经常修补泥埂等弊端。

(3)便于观察检查、防治鳝病

初放鳝苗,便于发现死鳝、弱鳝,可及时捞出,以减少污染源。在养殖过程中,若有鳝病发生,巡塘时一目了然,便于及时发现、及时诊断、及时治疗。用药后也便于观察鳝苗对药物的反应,便于采取应急措施。

(4)实行科学投饵,提高饵料利用率

观察摄食情况清楚,容易做到以需定量,减少浪费,提高饵料利用率。普通鳝池则不然,投饵后鳝的吃食活动很快把水搅浑,看不清摄食情况,饵料往往被拖出食台混入泥中,造成浪费。残饵不易清除,还败坏了水质。

(5)起捕方便,减轻了体力劳动

起捕时根据实际需要,适当降低池水,安装好囤箱,拿掉竹竿上的压砖,两个人同时用双手,一手捂住竹竿上的洞口,一手拿起竹竿,在囤箱上面把捂住洞口的手放开,黄鳝立即从洞内钻出,落入囤箱中,少数窜入池中者最后集中捉取。大大节省了将泥土从池外搬进池中做泥埂巢,又从泥埂巢中挖泥捕鳝的繁重体力劳动。

第九章　黄鳝的病害防治

一、鳝病发生的主要原因

在野生条件下，黄鳝病害较少，但在人工养殖条件下，往往会导致黄鳝发病，一旦发病，在高密度饲养环境中就容易传染，所以必须贯彻以防为主的方针。鳝病防治，必须了解其发病原因。现将导致黄鳝发病的原因概述如下。

1. 外因

(1)鳝池

新建的鳝池，如没有用清水浸泡一段时间就放水养鳝鱼，会使黄鳝不适应而生病，或者长期饲养而不清池，腐殖质过多，使水质变坏，给病原体繁殖侵染创造了适宜条件。

(2)水质

水质不佳是发病的重要原因之一。池中有机质过多，微生物分解活动旺盛时，要吸收水中大量溶解氧，同时放出硫化氢、甲烷等有害气体，致使黄鳝浮头、泛池，甚至中毒死亡。气候突变亦会引起池中浮游生物大量死亡，使 pH 发生较大变化，黄鳝生长繁殖适宜的 pH 为 6.5～7.8，如 pH 变化低于 5 或高于 9.5，就会引起黄鳝死亡。池水 pH 变化低于 6.2，黄鳝生长缓慢，最容易感染打粉病。如果水源池水遭污染，或排放工厂废水和有毒物质，也会引起黄鳝发病，甚至造成大量死亡。

(3)水温

水温对黄鳝的生长发育影响较大。黄鳝适宜在 15～30℃水温中生长。一般鳝池面积比较小，昼夜温差较大。炎夏高温季节，水温高达40℃以上，往往会出现黄鳝被“烫死”的现象。黄鳝在不同生长发育阶段，对水温的要求不同。运输和放养鳝苗，盛鳝鱼的容器中的水和池水温差不能超过2℃。

(4)放养密度

放养密度过大，鳝鱼摄食不足，会导致营养缺乏，对病害的抵抗力减弱，使鳝鱼容易生病。

(5)溶解氧

黄鳝喜欢在含氧量较高的水体中生活，故应保持池水上中层的溶氧量在5～10毫克/升，下层2～4毫克/升。由于水质恶化，溶解氧急剧减少，就会引起鳝鱼发病和死亡。

(6)饲养管理

黄鳝喜欢吃新鲜饵料，如一旦投放不清洁腐烂变质的饵料，会引起黄鳝患病。优良的苗种和饲料是成鳝生产的重要物质基础，如果苗种质劣、体瘦、规格不整齐，就容易生病，成活率不会高。

(7)生物因素

一是病原菌等微生物侵害而引起鳝病；二是凶猛鱼类、蛙类、水蛇、水老鼠、水鸟、水生昆虫等敌害也会直接吞食黄鳝或间接危害黄鳝；三是投饵量不足，黄鳝之间将会出现大吃小或咬伤现象。

(8)机械性损伤

主要是在捕捞、运输黄鳝时，由于操作不慎，造成黄鳝体表受伤，容易感染病原体。还有的用钓钩捕捞的黄鳝，会使鳝体受伤感染细菌而致死。

2. 内因

内在因素主要指黄鳝的体质、整个饲养阶段的生长发育状况、对疾病的抵抗能力等。一般黄鳝体质健壮，抵抗力强，不易生病；体质较差，抵抗力弱，则易患病。

3. 鳝病的诊断

诊断黄鳝疾病的方法很多，在实际生产中，目检是检查鳝病的主要方法之一。常见鳝病的发病部位主要表现在体表和内脏上，目检能直接观察到病症和寄生虫情况。为了有效地治疗鳝病，首先要对鳝病进行正确的检查和诊断，才能对症下药，这是在治疗中收到较好效果的最重要的一环。诊断鳝病的步骤和方法如下：

(1)现场调查

到现场详细了解鳝鱼生长的表现和周围环境情况，是正确诊断鳝病的重要一环。患了病的黄鳝，体质瘦弱，体色变黑，活动较缓慢，离群独游；有时出现黄鳝在池中表现出不安状态，上蹿下跳，急剧狂游；有时鳝鱼群集沿池边狂游打圈，有的相互缠绕等各种现象，甚至有死鳝出现。这就要了解寄生虫的侵袭或水中所含有害物质的状况，了解水质变化的原因，了解饲养管理情况。鳝鱼发病有的与饲养管理不当有关。比如施肥量过大，配合饵料质量较差，投饵量过多等，都容易引起水质变化，产生缺氧，引起鳝鱼死亡。

(2)肉眼检查

及时从鳝池中捞出病鳝或刚死的鳝鱼，按顺序从头至尾仔细观察。从体表上很容易看到一些大型病原体，如水霉菌丝。用肉眼看不到的病原体，就需要根据其病症鉴别。如鳝体发青黑色，口腔充血，肛门红肿突出，大多是肠炎病。鳝体外表局部发炎出血，出现黄豆或蚕豆大小的红斑，严重时表皮呈漏斗状小窝，体表明显出血，表皮腐烂，是赤皮病。肉眼检查时应注意的是有时病鳝往往有几种病并发。肉眼观察时，应仔细检查，认真分析。

(3)肠道检查

解剖鳝体，取出肠道，从前肠剪至后肠，首先观察粪便中是否有寄生虫，然后用水将食物和粪便冲洗干净，如发现肠道全部或部分充血，呈紫红色，则为肠炎病。

(4)镜检(即用显微镜、解剖镜、放大镜进行检查)

镜检是在肉眼可见的病变部位作进一步的检查。一般是根据目检时所确定的病变部位进行。在此基础上，进行全面检查。小鱼体表可直接用显微镜检查;大鱼则从病变部取少量组织或黏液,加少量的普通水,如是内脏组织则需用0.85%的生理盐水,再盖上盖玻片,并稍加压平,在显微镜下进行观察。在没有显微镜的情况下,可用倍数较高的放大镜,一般需要多检查几个不同点的组织。肉眼看不见的病原体须用显微镜才能查出结果。农户应将刚死的病鳝用湿布包好,迅速找附近的水产科研和技术推广部门诊断治疗。

二、疾病的预防

1.预防感染及控制、消灭病原体

任何传染性疾病的发生,必定有病原体的存在,因此,预防疾病必须从控制或消灭病原体着手。总之,引发黄鳝疾病的原因是多方面的,故应采取综合性的预防措施才能奏效。有些疾病在传播过程中有一系列环节,如能打断其中一个环节,就能达到控制和消灭病原体的目的。

(1)防止伤害鳝体

捕捉和到市场选购鳝种时要注意操作,防止伤害鳝体,严禁用钓钩捕捉黄鳝。市场购买的鳝种不但要观察其体表是否受伤,而且还要注意口腔及咽喉内是否有钩伤。受伤的黄鳝严禁放养入池。

(2)鳝种消毒

鳝种下塘放养之前,要进行鳝体消毒。其方法是用10×10^{-6}的孔雀石绿或10×10^{-6}的高锰酸钾溶液浸洗鳝种10～15分钟,也可用3%～4%的食盐水浸洗3～5分钟。

(3)注意饵料消毒

病原体往往粘附在饲料中夹带进入养鳝池,因此,投喂的饲料必须是清洁、新鲜的,最好经过消毒处理。有些饲料要用高锰酸钾及漂白粉消毒。消毒后经清水漂洗后再投喂。

(4)注意工具消毒

养鳝用的工具,容易粘上病菌,极易传播疾病,因此,工具一定要进行消毒(用 10×10^{-6}的高锰酸钾液浸泡 30 分钟)。发病池所有的用具都应单独使用,或经严格消毒后再使用。

(5)及时清除饵料残渣

残渣剩饵,往往成为病原体的繁殖场所,必须及时清除。

2. 清理及消毒鳝池

(1)清理鳝池

鳝池是黄鳝生长发育的场所,其环境的好坏直接影响到黄鳝的生长。经过清理的鳝池,能改善生态环境,减少病原体,提高黄鳝的成活率,清理鳝池有 3 点好处:

①提高成活率　清池能减少池中的病原体,预防疾病,提高成活率。

②减少发病　清池能杀灭野生鱼类和有害的水生昆虫,清除杂草,杀死寄生虫,从而减少鳝病的发生。

③改善生态环境　清出鳝池淤泥,可改善鳝池的生态环境,还可为作物提供极好的肥料。

清塘整修的时间最好选在秋末冬初的晴天进行,此时黄鳝尚未入土越冬,清池有利于黄鳝的越冬。清整时,先将池水排尽,清出鳝鱼,清除塘边杂草、曝晒数日,挖去过多的淤泥,把塘底推平,用塘泥贴补好塘的裂缝、水洞,并用铁锹木槌夯实,防止渗水和漏水。

(2)消毒鳝池

一般在放养前半个月进行,其方法如下。

①生石灰清塘　生石灰遇水发生化学反应时放出大量热能,产生具有强碱性的氢氧化钙,能在短期内使池水的碱性迅速升高,从而杀死细菌等病原体和水生有害昆虫,并使池水随后保持微碱性。这样,既改良了水质和池底的土质,起到肥水的作用,又有利

于黄鳝的生长。生石灰的用量和使用方法是：使池水保持在7～10厘米的深度，每平方米用50～75克生石灰。先将生石灰兑水化开后，立即泼洒全池。清塘1～2天以后，将沉淀在塘底表层的石灰浆用泥耙推匀，以提高清塘效果和增加池水的肥力，7～10天后即可注水入池，再过1周后即可投放鳝苗饲养。

②漂白粉清塘　漂白粉遇水后发生化学反应，放出次氯酸和碱性氯化钙。次氯酸立即放出初生态氧，具有强烈的杀菌和杀死敌害生物的作用，效果和生石灰基本相同。由于其药性消失较快，对急于使用的鳝池更为适宜，用量为每平方米7～15克（含氯30%）。使用方法是：将漂白粉直接均匀地撒入池中，也可先将漂白粉放入木桶，加水调匀后立即全池泼洒。操作人员一定要在上风处泼洒，以防人员中毒，药物不能沾在身上，以免腐蚀衣服和皮肤。漂白粉腐蚀性强，易潮解失效，不能装在金属容器中，应装在塑料袋或陶瓷器皿内，严格封口，存放在干燥和阴凉处。

③生石灰漂白粉合用清塘　用量为每平方米生石灰50克和漂白粉8克。合用比单用的效果好。

3. 鳝体消毒

鳝体表面常带有病原体，下塘之前进行消毒非常必要，常采用药液浸泡法（或称药浴法）消毒鳝体。常用的消毒药品有：漂白粉、硫酸铜、高锰酸钾、敌百虫、食盐和孔雀石绿等。

(1)漂白粉消毒

每立方米水体加入10～20克漂白粉（漂白粉应含有效氯30%），搅拌均匀，将黄鳝放入浸泡。消毒时间视水温高低、黄鳝的活力情况而定。水温10～20℃时浸泡10～15分钟。此法可预防细菌性皮肤病。

(2)硫酸铜消毒

用8×10^{-6}浓度的硫酸铜溶液，在水温10～20℃时，浸洗5～10分钟，可防止寄生虫附着鳝体。

(3)漂白粉、硫酸铜合用消毒

每立方米水体用漂白粉10克、硫酸铜8克。两种药物各自分别溶解后,混合均匀,在水温10～20℃时,药浴10～20分钟。此方法同时具有上述两种效果,既能预防皮肤病,又能预防寄生虫病。

(4)高锰酸钾消毒

用$(10\sim20)\times10^{-6}$高锰酸钾溶液,在10～20℃水温中药浴10～30分钟,浸洗液选用有机质较少的清水,防止在阳光直射下浸泡,以免影响药效。此药物适用于预防水霉病和细菌性疾病。

(5)敌百虫消毒

用2×10^{-6}敌百虫溶液(90%的晶体)药浴10～15分钟。此药适合于寄生虫黏附的鳝体的消毒。

(6)食盐消毒

用3%～4%的食盐溶液浸洗鳝体5分钟,可杀灭粘附在鳝体上的寄生虫和水霉菌等。

(7)孔雀石绿消毒

用10×10^{-6}孔雀石绿溶液,浸洗鳝体10～15分钟,可以预防水霉病及部分原生动物疾病。

选用何种药品,必须看鳝体所带病菌种类及药物的来源而定。鳝体消毒时间长短,也要根据当时具体情况灵活掌握。如见黄鳝异常时,应立即停止浸泡,并用清水冲洗1～2次,然后再放入池中。

4. 生态预防

按黄鳝的生态习性和鳝池水体环境特点,根据黄鳝疾病发生规律来预防发病,抑制病情发展,称为生态防病法。

(1)改善水体环境,消除和抑制病原体

改善水体生态环境是预防疾病的有效途径主要包括改善鳝池底质和水质两个方面。

①清除池底过多的淤泥　淤泥是病原体的栖身之处，其中含有大量的有害物质，在缺氧的情况下会产生硫化氢等有害的气体，直接或间接导致黄鳝发病或死亡。因此，高密度养鳝池必须年年清淤消毒。

②清理和改造进、排水道　进、排水要分开，各行其道，防止疾病交叉感染，避免老水回灌。

③科学调节水质　调节水质有机械方法和化学方法。使用增氧机及用生石灰清塘和消毒，都可改善水质，在夏季最好每10～20天全池遍洒生石灰水一次，浓度为(10～20)$\times10^{-6}$。

(2)改善饲养管理，提高黄鳝抗病能力

黄鳝发病，有的是因饲养不当引起的。因此，应根据黄鳝生态习性，采用科学的饲养管理方法。

①改进投饵技术 按“四定”投饲法，同时根据黄鳝的营养需求和摄食规律，适时投喂精粗结合的饵料。

②坚持“四看” 投饵要根据季节、天气、水质和黄鳝的情况进行，做到每天巡塘，及时清除残饵和更换新鲜水。

三、常见疾病的防治

黄鳝的抗病能力虽强，但在人工饲养的条件下，由于密度大，水质易恶化，常引发各种疾病。引起黄鳝疾病的病原体有病毒、细菌和寄生虫等。

1. 细菌性疾病

(1)赤皮病(又称皮瘟)

病因　赤皮病是由假单胞菌感染而引起的疾病。病菌短杆状，两端圆形，只有0.7微米大小。该病菌是条件致病菌，鳝体完整无损时，病菌不能侵入鳝体皮肤，只有黄鳝体表受机械损伤、冻伤或被寄生虫损伤后，病菌才能入侵，引起发病。

症状和流行　病鳝体表发炎出血，尤其是鳝体两侧和腹部极为明显，呈块状，有时黄鳝上下颌及鳃盖也充血发炎。在病灶处常继发水霉菌感染。一年四季都有发生，春末和夏初较常见。

预防措施　一是彻底清塘，消灭病原体；二是在捕捉、运输、投放时要防止鳝体受伤；三是在放养之前一定要进行鳝体消毒。

治疗方法　外用药可任选下列一种：漂白粉（含有效氯30%），先用水调匀，全池泼洒，使池水呈$(1.0\sim1.2)\times10^{-6}$的浓度；漂白精（含有效氯60%）或优氯净（含有效氯56%）全池遍洒，使全池水呈$(0.5\sim1.2)\times10^{-6}$的浓度；每平方米用明矾0.05克兑水泼洒，2天后每平方米用25克生石灰兑水泼洒；全池遍洒五倍子（先磨碎后用开水浸泡），使呈$(2\sim4)\times10^{-6}$的浓度。内服药可任选下列一种：每100千克黄鳝每天投喂3千克的鱼泰2号，分2次投喂，连喂3～6天；每100千克黄鳝每天投喂1～2克呋喃唑酮，拌饲投喂，连喂3～6天，每100千克黄鳝用磺胺噻唑5克拌饲投喂，第2天减半，连喂4～6天。

（2）出血病

病因　1990年，江苏省宝应县首次发现黄鳝出血病。该病是由产气单胞菌引起的败血病。剖检可见病鳝皮肤及内部各器官出血，肝的损坏尤为严重，血管壁变薄甚至破裂，从病理学来分析，这是由“气单胞菌”产生的毒素引起的。

症状　鳝鱼口腔内有血样液体，倒置可流出来。体表布满大小不一的出血斑点，从绿豆大小至蚕豆大小，有时呈弥漫型出血，以腹部尤为明显，并呈长条状出血斑，逐步发展到背面或体的两侧。肛门红肿，外翻出血，似火山口状。有时浮出水面深呼吸，呼吸频率加快，不停地按顺方向打圈翻动，最后死亡。目前发现出血病较少。出血病分3种类型：

①慢性型　腹腔内充满紫黑色的血液和黏液混合物；肝肿大、质脆，有绿豆大小的出血斑，个别部位有绿豆大小的坏死点；小肠、直肠黏膜有弥漫性出血；整个肾脏肿胀、质脆，出血，颜色呈煤焦

油状。

②亚急性型　腹胸腔内充满紫红色血液和黏液混合物，肝有绿豆大小的出血斑，肝体肿胀，颜色变深、质脆；脾脏肿大淤血；直肠黏膜点状出血；肾脏肿胀、质脆、出血。

③急性型　打开胸腹腔，有较多的血液与黏液混合物，心脏充血，心内膜有极少量的芝麻大小的出血点；直肠轻度出血；其他内脏器官没有发现异常的病变。

防治方法　黄鳝出血病来势凶猛，发病率较高，重在预防。主要的防治方法有以下几种：

①采用 50×10^{-6} 有机碘液浸洗鳝种 5～10 分钟。

②发病季节，水深 30 厘米的鳝池，每亩用 8 千克生石灰加水全池遍洒，定期每月遍洒一次，有一定的预防效果。

③改善水质与环境条件，勤换水，发病时，坚持每天换水。

④患病采用烟叶治疗，每亩水深 30 厘米，用 250 克烟叶温水浸泡 5～8 小时后，全池泼洒，有一定的治疗效果。

⑤用呋喃唑酮 $(0.2\sim0.5)\times10^{-6}$ 全池泼洒；2 天后再次换水，并用 $(0.4\sim0.5)\times10^{-6}$ 三氯异氰尿酸钠全池泼洒。

⑥可用金霉素药液（每毫升 0.25 单位）浸洗鱼体。

(3)水霉病（肤霉病）

病因　这是由真菌引起的疾病。真菌是具有细胞壁和真核的单细胞或多细胞体。水霉属于真菌类藻菌纲的种类。在我国淡水水产动物的体表和卵粒上已发现的水霉有 10 多种。最常见的水霉其繁殖生长的适温为 13～18℃，为条件性致病菌，凡受伤的鳝均能感染，未受伤者此菌不能侵入。此菌在鳝鱼尸体上繁殖得特别快，是腐生性的，对鳝体是继发性感染。菌体呈丝状，一端像根一样附着在鳝体的受伤处。分枝多而纤细，可深入至损伤、坏死的皮肤和肌肉下面，称为内菌丝，具有吸收营养的功能；伸出体外的部分称外菌丝，较粗，分枝较少，长可达 3 厘米，形成肉眼能看得到的灰白色棉絮状物。

症状和流行　因机械受伤，伤口被水霉感染而致。初期病灶并不明显，数天后病灶部位长出棉絮状菌丝，在体表或受精卵的表面迅速繁殖扩散，形成肉眼可见的白毛。患处肌肉腐烂，此时病鳝常离穴独自缓慢游动，并逐渐消瘦、死亡。如果正在孵化中的受精鳝卵受到感染，严重时就会终止胚胎发育，使孵化半途停止。春秋季水温在 13～18℃时流行此病，不分地区均可感染，危害极大。

防治方法

①清除池内的腐败有机物，并用生石灰或漂白粉消毒。生石灰的浓度为$(100\sim150)\times10^{-6}$漂白粉为$(10\sim15)\times10^{-6}$，7 天后可放入鳝鱼。

②放养、捕捞时，操作要小心，尽量避免鳝体受伤，黄鳝下池前用 3%的食盐水或 10×10^{-6} 漂白粉溶液浸洗 3～10 分钟；或用 1 克孔雀石绿，加水 150 千克，浸泡鳝种 10～15 分钟；还可用 10×10^{-6}的高锰酸钾溶液，浸洗鳝体 5 分钟左右。

③鳝种投放后发生水霉病，采用$(0.1\sim0.2)\times10^{-6}$孔雀石绿治疗，具体做法是：根据水体计算好用量，再用容器将其溶化，然后全池均匀泼洒，连续泼洒 5～6 天，有一定的疗效。

④可用 5%碘酒或 1%的孔雀石绿软膏涂抹患处，或用 2%～3%食盐水浸泡黄鳝 4～5 分钟。

⑤用 0.05%食盐溶液和 0.04%苏打溶液混合剂全池泼洒，效果较好。

⑥黄鳝卵可用$(6\sim7)\times10^{-6}$孔雀石绿溶液浸泡 10～15 分钟，连续使用 2～3 天。可将 0.1‰孔雀石绿溶液在鳝卵附近泼洒一次，直到孵化为止。

(4)打印病(腐皮病、细菌性皮肤病)

病因　打印病是由点状产气单胞菌感染而引起的细菌性皮肤疾病。病原菌为革兰阴性短杆菌，多数为 2 个连体，少数为单个，极端单鞭毛。该菌是水生细菌，为条件致病菌，只有当鳝体受伤后，通过接触感染而发病。发病严重的鳝池，发病率可达 80%以上。病程较长，不会引起大批死亡，但影响鳝体生长及商品价值，也影响亲鳝的催产和产卵。一年四季都有发生，以 5～6 月份最为常见。全国各地都有流行。

症状　打印病主要发生在鳝体后部，腹部两侧更为严重，少数发生在体前部，这与体躯后部容易受伤有关。患病部位皮肤先出现圆形或椭圆形坏死和糜烂，露出白色真皮，皮肤充血发炎的红斑形成明显的轮廓，好似在鳝体体表加盖了红色印章似的，故称打印病。随着病情的发展，病灶的直径逐渐扩大，糜烂加深，严重时甚至露出骨骼或内脏，病鳝游动缓慢，头常伸出水面，久不入穴，最后瘦弱而死亡。这是目前成鳝养殖业中危害最为严重的疾重。

防治方法

①鳝苗放养前池水用 $(20～25)\times10^{-6}$ 生石灰消毒，7 天后放入鳝。

②放养鳝种时，一定要注意保护鳝体，勿使鳝体受伤，鳝体用 3%食盐水或 10×10^{-6} 漂白粉浸洗 3～10 分钟。或用 $(5～8)\times10^{-6}$ 漂白粉液浸洗鳝种半小时左右后，再将其放入池中饲养。发病季节适时注入新水，保持水质清新。并每隔半个月左右，用 20×10^{-6} 的生石灰溶液消毒。

③池内放养几只癞蛤蟆，黄鳝患病时，可取 1～2 只剖开(连皮)，用绳系好在池内拖几遍。癞蛤蟆身体上产生蟾酥分泌物具有防治功能，1～2 日即可除病。

④该病病原体除在皮肤、肌肉引起病变外，还侵入血液，所以，治疗时必须采取改变水质与药物治疗相结合的办法。其方法是：先将池水放干，清除淤泥，另取沙质土壤铺入池底后，注入新水，投放鳝种。此时，每立方米水体用 25 万单位(0.25 单位/毫升)乳糖酸红霉素全池泼洒，并用磺胺噻唑 5 克拌入 2 千克蚯蚓中，待蚯蚓

体表水分晾干后投喂，喂药前停食 2 天，让鳝共同处于饥饿状态，以便所投的蚯蚓能在较短时间内吃完，防止附着在体表的药物脱落，可连续喂药 5 天。

⑤用五倍子汁液全池泼洒，使池水浓度为 2×10^{-6}。

⑥水深 30 厘米的池水，每 100 平方米水面用水辣蓼 200 克、苦楝树皮（汁果均可采用）300 克、烟叶 100 克，切碎熬成 5 千克汁，加食盐 10 克，全池遍洒，重点在食场周围泼洒。每天 1 次，连续 3 天有效。

⑦在该病流行季节时，每立方米水用红霉素 25 万单位全池泼洒 1 次。发病时也可用此法，但要连用 3 次，每天 1 次。同时按每千克蚯蚓拌 2.5 克磺胺胍，待蚯蚓体表水分晾干后投喂，喂药前停食 2 天，以便能在较短时间内吃完，如此连续 5 天，效果较好。

⑧每平方米水体，用明矾 5 克泼洒，2 天后，每立方米水用生石灰 25 克，全池泼洒。

⑨每 50 千克黄鳝用磺胺噻唑 0.5 克与饲料拌匀投喂，每天 1 次，3～7 天为一个疗程。

（5）细菌性肠炎（烂肠病、乌头瘟、肠炎病）

病因　黄鳝感染肠型点状产气单胞菌引起的疾病。病菌属弧菌科，革兰阴性短杆菌，多数为 2 个相连，少数单个，极端单鞭毛。在 pH 6～12 环境中均能生长。生长温度 25℃，在温度为 60℃的情况下，半小时死亡，池底淤泥中常有大量菌体存在，在健康鳝体肠中也是一种常见菌。当鳝体处在良好状态下，体质健康时并不发病，环境恶化，鳝体健康水平下降，抵抗力低下时，该菌在肠内大量繁殖，导致疾病暴发。环境条件恶化是综合性的，包括很多方面，如水质恶化、溶氧量低、饲料变质、摄食不均等，都可引起此病发生。病原体随病鳝及带菌的粪便排入水中，污染水质和饲料，经摄食而感染。

症状和流行　病鳝离群独游，游动缓慢，鳝体发黑，头部尤甚，故又称乌头瘟，腹部出现红斑，食欲减退，以致完全不吃食。

发病早期，剖开肠管时可见肠管局部充血发炎，肠内没有食物，或者只在后段有食物，肠内黏液较多。发病后期可见全部肠道呈红色，肠壁的弹性差，肠内没有食物，只有淡黄色黏液，肛门红肿。患病严重时腹部膨大，如将病鳝的头提起，即有黄色黏液从肛门流出，很快就会死亡，死亡率甚高。全国都有流行，是危害严重的疾病之一。

防治方法

①加强饲养管理，不投腐败变质的饵料，经常要将残渣捞出，保持水质清新。

②鳝病流行季节，每半个月用漂白粉或生石灰消毒一次。

③每 100 千克黄鳝用辣蓼 5 千克、薄荷叶 3 千克，熬水全池泼洒，15 天后重复一次。

④每 50 千克黄鳝用呋喃唑酮或磺胺胍 5 克拌饵料投喂，连续 3～5 天为一个疗程。

⑤每 100 千克黄鳝用干地锦草 0.5 千克，或鲜辣蓼 2～4 千克，熬水，全池泼洒，连用 3 天。

⑥每平方米水面用韭菜 2～3 克，大蒜 2～3 克，食盐 0.1～0.2 克，混合后捣烂，加水拌匀，泼洒在饵料中，每天投喂 1 次，直至病愈。

⑦每 100 千克黄鳝配 20 毫升十滴水（即人用十滴水 2 瓶），放入 2～3 千克的米糠内，加入 1 千克面粉拌匀，趁热投入池中，连续投喂 3 天，效果很好。

⑧每 100 千克黄鳝用磺胺胍 10 克，连喂 3 天。另外，可以用呋喃西林代替，每 100 千克鳝鱼，用 20 克拌料投喂，有一定的疗效。

⑨治疗主要采用内服与外用药物相结合进行，外用药常用 $(1\sim2)\times10^{-6}$ 漂白粉或 10×10^{-6} 生石灰或 $(0.2\sim0.3)\times10^{-6}$ 禽

用红霉素遍洒全池。

⑩每 25 千克黄鳝用 0.25 千克大蒜头捣碎拌饵料投喂 3 天或每 25 千克黄鳝用鲜辣蓼 0.5～1 千克，每天 1 次，连续 3 天。

(6)细菌性烂尾病

病因和症状　是由于黄鳝感染产气单胞菌引起的疾病。产气单胞菌为革兰阴性短杆菌，极端单鞭毛，该菌为条件致病菌。鳝尾受伤后病菌经皮肤接触而感染。感染后尾柄充血发炎、糜烂，严重时尾部烂掉，肌肉出血、溃烂，骨骼外露，病鳝反应迟钝，头常伸出水面，最后丧失活动能力而死亡。

防治方法

①在运输过程中，防止机械损伤。

②放养密度不宜过大。

③改善水质与环境卫生条件，避免细菌大量繁衍，可以减少此病的发生与危害。

④用呋喃唑酮$(0.2\sim0.25)\times10^{-6}$全池泼洒，有一定的治疗效果。

⑤每立方米水用金霉素 25 万单位(0.25 单位/毫升)浸洗消毒病鳝，有一定疗效。

⑥用 0.25 单位/毫升的金霉素浸洗鱼体，效果较好。

(7)红斑病(梅花斑病)

病因及症状　红斑病也是细菌感染引起的疾病。在病鳝体表，尤其是背部，出现黄豆至蚕豆一般大小的红色斑块，此病在长江流域一带 7 月中旬多发。

防治方法　可在鳝池中养几只蟾蜍(俗称癞蛤蟆)。发现此病时，取蟾蜍数只，将其头皮剥去，用绳系好，在池内来回反复拖几次，1～2 天后病鳝即可痊愈。因为蟾蜍分泌的蟾酥对此病有特殊的防治功效。鳝池应经常换水，改善水质条件。

2. 寄生虫病

(1)毛细线虫病

病因　是由毛细线虫寄生在黄鳝肠道后半部所引起的疾病。毛细线虫属于蠕虫类毛细科,虫体细长如纤维,前端尖细,后端稍粗大,体表光滑,虫体 2～10 毫米,雌体大于雄体。卵随寄主粪便排入水中,幼虫在卵壳内发育,鱼吞食含有幼虫的卵而感染,主要危害青、草、鲢、鳙鱼及黄鳝的当年鱼种,发病期大多在 7 月中旬。

症状　毛细线虫以其头部钻入寄主肠壁黏膜层,引起肠壁充血发炎,病鳝离穴分散池边,极度消瘦,继而死亡。

防治方法

①生石灰清塘,可杀死病菌及虫卵。

②发病后,可按 100 千克黄鳝用 5 克 90%的晶体敌百虫拌入 1.5 千克豆饼粉,做成绿豆大小的药饵投喂,或拌入蚯蚓肉、河蚌肉及配合饵料内投喂,连续投喂 6 天有效。

③每立方米水体用 90%晶体敌百虫 0.7～1 克加水溶解后全池泼洒。

(2)锥体虫病

病因　由锥体虫寄生在黄鳝血液中而引起的疾病。锥体虫属锥体虫科,寄生在黄鳝的血液中,以纵二分裂法进行繁殖。全国各地都有发生,锥体虫的寄生一般与水域中存在蛭类(蚂蟥)有关,蛭是锥体虫的中间寄主。水蛭吸鳝血时,锥体虫随鳝血到达蛭的消化道,并大量繁殖,逐渐向前移至吻端,当蛭再吸食黄鳝血时,就将锥体虫传到鳝体,进入血液之中。

症状与流行　黄鳝感染锥体虫后,大多数发生贫血,鳝体消瘦,生长不良。流行期为 6～8 月份。

防治方法

①由于蚂蟥是锥体虫的中间宿主,在放鳝种时,要用生石灰彻底清池,杀死蚂蟥。

②用2%～3%的食盐水，浸洗病鳝5～10分钟。

③用0.25×10^{-6}硫酸铜和0.2×10^{-6}硫酸亚铁合剂，浸洗病鳝10分钟左右，效果较好。

(3)隐鞭虫病

病因　是由隐鞭虫寄生在黄鳝血液中而引起的疾病。隐鞭虫属于原生动物，虫体呈柳叶状，7～10微米长，虫体前端有两根鞭毛，一根倾向前方，称前鞭毛，另一根贴在虫体体表的一段，和虫体面构成一条比较明显的狭长波动膜。活的虫体在血液中颤动，但很少迁移。隐鞭虫可以离开寄主，在水中生存1～2天，可进入另一寄主——蛭（蚂蟥）体内，当蛭吸附在黄鳝身上吸血时，将隐鞭虫传入黄鳝体内而感染。

症状和诊断　被隐鞭虫寄生的黄鳝发生贫血，吃食减少，病体消瘦，游动缓慢，呼吸困难，大量寄生于血液中会引起黄鳝昏睡而死亡。一般感染率较低，危害不大。用吸管从黄鳝的入鳃动脉吸取血液放在显微镜下检查，可发现虫体，从而确诊此病。

防治方法

①每立方米水体用0.7克硫酸铜溶化后，浸洗病鳝5分钟左右，效果较好。

②用2%～3%食盐水，浸洗病鳝5～10分钟，具有一定的疗效。

(4)棘头虫病

病因　由棘头虫寄生在黄鳝前段肠内而致病。棘头虫属蠕虫类，虫体呈圆筒形或纺锤形，前部膨大，吻小，体有皱褶，呈乳白色，雌雄异体。棘头虫的生活史，要通过中间寄主，中间寄主通常是软体动物、甲壳类和昆虫。成熟的虫卵随终寄主粪便排出，被中间寄主吞食后，卵中的胚胎幼虫出壳穿过肠壁到体腔内继续发育，感染了幼虫的中间寄主被终寄主吞食后，发育成成虫，鱼类则为棘头虫的终寄主。

症状 棘头虫以其吻钻进寄主肠黏膜，致使肠壁发炎，轻者鳝体发黑，肠道充血，呈慢性炎症，重者可造成肠穿孔或肠管被堵塞，鳝体消瘦，有时还可引起贫血，甚至死亡。

防治方法 生石灰或漂白粉清塘；用90%的晶体敌百虫全池泼洒，使池水达到$(0.5\sim0.7)\times10^{-6}$的浓度；每100千克黄鳝用90%的晶体敌百虫10克拌入新鲜饲料投喂，每天1次，连喂3～5天。

(5)体表寄生蛭(蚂蟥)

病因和症状 由于蚂蟥吸附在黄鳝体表，消耗黄鳝血液营养，病灶处表皮组织受伤，易引起细菌感染，还会带入多种寄生虫(蛭类是多种寄生虫的中间寄主)，导致多种疾病的发生。病鳝食欲减退，影响生长。

防治方法

①清池 生石灰清池可以杀死蚂蟥。

②药浴 用鳝笼提起附有蚂蟥的黄鳝，放入10×10^{-6}的硫酸铜或敌百虫溶液中药浴5～10分钟，使蚂蟥脱落致死。在药浴过程中如发现黄鳝有颤抖现象，说明药物浓度过高或浸洗时间过长，应立即捞出黄鳝用清水冲洗；也可用5×10^{-6}孔雀石绿或高锰酸钾溶液药浴30分钟；用3%食盐溶液浸洗病鳝5～10分钟。

③池水消毒 用0.5×10^{-6}敌百虫全池遍洒，翌日更换部分新水，再按原药遍洒一次，第3天彻底更换新水，效果较好。

(6)黑点病(复口吸虫病、基双穴吸虫病)

病因 黑点病是复口吸虫(基双穴吸虫)的囊蚴寄生在黄鳝皮下组织而引起的。此虫属于蠕虫类，双穴科，成虫虫体分前后两部分，前部叶状较大，后部有粘附器。成虫寄生在苍鹭和翠鸟等吃鱼鸟类的肠道中。第一中间寄主是椎实螺；第二中间寄主是鱼类。一年四季均可发生此病，在夏季发生较多。

症状 发病初期，黄鳝尾部出现黑色小圆点，手摸有异样感，随后小圆点颜色加深变大，隆起而形成黑色小结节。这是由于虫体胞囊壁上被黑色素包围的结果，手摸上去有粗糙感，又有黑点病之称。有的黑色小结节进入皮下，并蔓延至身体多处，有时会引起鳝体变形、脊椎骨弯曲等症状，病鳝贫血，血色素和血细胞减少，严重感染时，生长停止，萎瘪消瘦而死。

防治方法 生石灰或漂白粉清塘；用硫酸铜液全池泼洒，使池水达到 0.7×10^{-6} 的浓度，以消灭中间寄主椎实螺；用 0.7×10^{-6} 二氯化铜全池泼洒。

3. 非生物因素引起的疾病

(1)感冒

病因和症状 水温的急剧变化，刺激黄鳝的神经末梢，引起鳝体内部器官活动的失调而发生感冒。当天气突然变化或在运输途中换的水温差过大，或注入池塘新水时使池内水温变化过大，均能引起感冒。症状是皮肤失去原有光泽，并有大量黏液分泌。

防治方法

①每次换新水不超过全池老水的1/3。

②长途运输中换水，温差不得超过±2℃，若无适宜水源可局部淋水徐徐加入。

③水温过低的井水不能直接用来养鳝。在灌注新水时，特别是灌注井水或泉水时，应将水先注入蓄水池中暴晒，待温度升高或通过较长的地面渠道后，再流入池中，否则，过多的温度较低的水流入池中，会引起池中水温急剧下降，致使黄鳝严重“感冒”而大批死亡。

④秋末冬初，水温下降至12℃左右时，黄鳝开始入穴越冬，这时，要排出池水，保持池土湿润，并在池土上面覆盖一层稻草或麦秸，以免池水冰冻。

(2)萎瘪病

病因 这是由于放养过密或饵料不足引起的疾病。常发生在鳝种池及成鳝池。

症状 病鳝身体明显消瘦、干瘪,头大身细,尾如线状,脊背薄如刀刃,体色发黑,往往沿池边迟钝地单独游动,严重地丧失摄食能力,不久便会死亡。

防治方法

①主要措施是解决池中的饵料不足问题,并适当控制鳝种的放养密度和规格。并要加强饲养管理,做到定时、定质、定位投饵、保证鳝种有足够的饵料。

②越冬前要保证黄鳝吃饱吃好,发育正常。

③严格进行分级饲养。

(3)发烧病

病因 引起黄鳝发烧的原因很多,主要是因投放鳝种密度过大,使鳝体表皮分泌的黏液在水中积累过多,池内聚集发酵,加速水体中微生物发酵分解,消耗了水中大量氧气,并释放大量热量而使水温上升到40℃以上。另外,饵料过多,也会发酵,释放出大量的热量,在蓄养和运输中经常发生的一种病症。

症状 病鳝极度焦躁不安,相互缠绕,使底层黄鳝缠绕成团致死,造成大批死亡,死亡率有时可达90%。

防治方法

①在放养鳝种前,一定要用生石灰清池消毒。

②在运输前先经蓄养,勤换水,使黄鳝体表泥沙及肠内溶物除净,气温23~30℃情况下,每隔6~8小时彻底换水一次,或每隔24小时,在水体中施放一定量青霉素,用量为每25升水放30万单位,能得到较好的效果。

③放养密度要适当,夏季要定期换注新水或在池内种植一些水生植物,即水花生、水浮莲、水葫芦等,可降低水温。

④如果新水来源困难,每立方米的水体中加入 0.7%的硫酸铜溶液 50 毫克,可抑制黄鳝黏液发酵。

⑤发病流行季节,经常加注新水,改善水质。

⑥及时清除剩饵,可在鳝池中加少量泥鳅,吃掉剩饵,并通过泥鳅上下窜游,对防止黄鳝互相缠绕有一定的作用。

(4)昏迷症病

病因　此病多发生于炎热季节,由于池水较浅,水温过高,鳝鱼适应不了这种环境。

症状　长时呈昏迷状态,俗称"昏迷症"。

防治方法　先遮阴降温,并加少量清水,再将蚌肉切碎,撒入池内,有一定疗效。

第十章　天然黄鳝的捕捉

一、钓捕

黄鳝喜欢钻洞，可根据这种习性寻找洞口，把装好蚯蚓的特制钓钩放到洞口内，慢慢地上下移动，黄鳝就会吃食上钩。这时，再将钓钩和黄鳝一起取出洞口即可捕捉黄鳝。钓具有两种：一为软钩，二为硬钩。软钩可用市售钓鱼钩，钩柄缚结尼龙线，线的另一端缚在小竹竿上，竿径 2 厘米，长 1 米左右。硬钩可用普通钢丝，如雨伞骨或自行车钢丝，一端磨尖，在火上烧红后用老虎钳弯成钩状，另一端缚结于小竹竿上，全长 40～50 厘米。轻钩适合钓水田中洞穴的黄鳝，硬钩常用于钓岸边、沟渠边及塘埂中个体较大的黄鳝。钓捕时间为 4～10 月份。

二、笼捕

捕黄鳝的笼有稻田笼子（又称小笼子）和荡田笼子（又称大笼子）两种。

1. 稻田笼子

结构分前笼身、后笼身、笼帽、倒须和帽签五部分。前笼身长 65 厘米，直径 7 厘米；后笼身长 8 厘米，直径 7 厘米。倒须、笼帽配套。帽签是启闭笼帽的专用竹篾。捕捉季节在谷雨至秋后，历时 130 天。把诱笼放于稻田埂的水中，用力压入泥 3～5 厘米，每平方米水面放 1～2 只笼子，至第 2 天清晨取出即可。

2. 荡田笼子

结构基本上与稻田笼子相似，只是体积较大。前笼身长 80 厘米,后笼身长 100 厘米,直径 12 厘米。捕捉季节在立夏至秋后,历时 100 天左右。此笼专捕个体较大的黄鳝,有利于资源的保护,但仅能在荡田中作业,水稻田中不能使用。

三、竹篓诱捕

1. 诱捕器具

准备一只口径 20 厘米左右的竹篓,另取两块纱布用绳缚于竹篓口,在纱布中心开一直径为 4 厘米的圆洞。再取一块白布做成一直径 4 厘米、长 10 厘米的布筒,一端缝于两块纱布的圆孔处,纱布周围亦可缝合,但须留一边不缝,以便放诱饵。

2. 诱饵的制备

将菜籽饼或菜籽炒香(菜籽须研碎),拌入铁片上焙香的蚯蚓(焙时滴白酒)即成。蚯蚓若不焙须杀死。

3. 操作

将诱饵放入两层纱布中,蒙于竹篓口,使中心稍下垂(不必绷直)。傍晚将竹篓放在有黄鳝的水沟、稻田、池堰中,第二天早上收回。

此法在微流水中使用,效果最佳。竹篓口顺着水流方向放,一次可捕捉数 10 条黄鳝,而且黄鳝不受伤,可以作为养殖用的种苗。

四、扎草堆诱捕

本法适合湖泊、池塘、沟渠使用。方法是把喜旱莲子草或野杂草堆成小堆,放在岸边或塘的四角,过 3～4 天用网片将草堆围在网内,把两端拉紧,使黄鳝逃不出去,将网中的草捞出,黄鳝便落在网中。草捞出后仍堆放成小堆,以便继续诱黄鳝进草堆,然后捕捞。这种方法在雨刚过后效果更佳,捕出的黄鳝用清水冲洗即可贮运。

五、迫聚法

迫聚法是利用药物的刺激，造成黄鳝不能适应水体，强迫其逃窜到无药性的小范围内集中收捕的方法。

1. 茶籽饼（茶枯）

茶枯为油茶籽榨油后的渣饼。茶籽饼含皂苷碱，对水生动物有毒性，量多可致死，量少可迫使逃窜。每亩水田用 5 千克左右。茶籽饼应先用急火烤热、粉碎，颗粒不大于 1 厘米，装入桶中，用沸水 5 升浸泡 1 小时备用。

2. 巴豆

药性比茶枯强。先将巴豆粉碎，调成糊状备用。每亩水田用 250 克，同时加水 15 升，用喷雾器喷洒。

3. 辣椒

选最辣的的七星椒，用开水泡 1 次，过滤。再用开水泡 1 次过滤，取两次滤水，用喷雾器喷洒。每亩水田用滤液 5 千克。滤过的辣椒仍可食用。

迫聚法可分为流水和静水两种。流水迫聚法用于可排灌的稻田。在田的进水口处，做两条泥埂，长 50 厘米，成为一条短渠，使水源必须通过短渠才能流入田中，在进水口对侧的田埂上，开 2～3 处出水口。将迫聚物质撒播或喷洒在田中（耙宽 1 米，用 10 厘米长圆钉制成）在田里拖耙一遍，逼迫黄鳝出逃。如田中有作物不能耙时，黄鳝出来的时间要长一些。

当观察到大部分黄鳝逃出来时，即打开进水口，使水在整个田中流动。此时黄鳝就逆水游入短渠中，即可捕捉。分选出小的放生，大的放在清水中暂养。

静水迫聚法用于不宜排灌的田。准备半圆形有框的网或有底的浅箩筐。将田中高出水面的泥滩耙平，在田的四周，每隔 10 米堆泥一处，并使其低于水面5厘米，在上面放半圆形有框的网或有底的箩筐。在网或箩筐上再堆泥，高出水面15厘米即可。

将追聚物质放于田中，药量应小于流水法，黄鳝感到不适，即向田边游去，一旦遇上小泥堆，即钻进去。当黄鳝全部入泥后，就可提起网和筐捉取。此法宜傍晚进行，第二天早晨取回。

六、灯光照捕

1. 渔具

灯光照捕的工具较简单，主要是鳝夹和灯光源。鳝夹可用两片长1米、宽4厘米的毛竹片做成。毛竹片一端做成锯齿状，在30厘米处的竹片中心打一孔。用铅丝做成活结。灯光源一般使用三节电筒。或用一棉球，拴在一小铁丝上，另一端结在一小竹竿上。在使用时把棉球浸上煤油，用火柴点燃即可。

2. 捕捉

灯光照捕主要是利用黄鳝晚间出洞觅食的习性进行捕捉，在苏、浙、皖等省农村较为盛行。这种方法一般在水稻田插秧不久的5～6月间进行。在晚上捕捉时，用照明工具沿田埂边寻找，出洞黄鳝见到灯光，一般不动，卧在水底，此时可用竹夹夹住鳝体中部，然后放在盛鳝容器内。捕捞数量视稻田黄鳝资源量而异，一般每晚可捕捉3～5千克。

七、地笼捕捉

地笼捕捉主要针对池塘养殖和大水面的。地笼制作材料是聚乙烯网布，在捕捉螃蟹、虾类时使用较多，也可在捕鳝时使用，效果较好，在地笼中加入部分引诱的饵料效果会更佳。

第十一章　黄鳝的暂养与运输

一、黄鳝的暂养

黄鳝在起运前和到达目的地，都有一个暂养过程。暂养工具可根据暂养时间和数量，因地制宜地选用，一般有水缸、木桶、面盆、网箱、塑料箱、水泥池等。

1. 短期暂养(2天以内)

短期暂养数量少的可用小型容器，如水缸、木桶、面盆等。在水温23～30℃时，存水60千克的容器，可暂养黄鳝30千克，加清水25千克，容器以表面积大的为好。根据实际情况，采取以下安全措施：

(1)每隔6～8小时彻底换水一次(48小时成活率96%)。

(2)在开始时和隔24小时后各施青霉素30万单位(48小时成活率90%)。

无论采取哪种方法，每隔3～4小时，都需要用手或捞海伸入容器底部搅动一次，发现死鳝应立即取出。

暂养数量较多时，应放入水泥池或网箱中暂养。

2. 水泥池和网箱暂养

水泥池暂养主要用于收购站、转运站和规模较大的门市部。水泥池面积20米^{2}左右，长方形、正方形均可，池深0.8米，保持水深20厘米左右。每平方米可放黄鳝20千克左右，并在池中放少量泥鳅。泥鳅上下窜动，可避免黄鳝互相缠绕，每天换水一次。

网箱暂养时要用有盖的网箱，上面一边可用拉链，深度不超过

30 厘米。网箱暂养不需换水,但需定期翻动检查。

二、黄鳝的运输

1. 商品鳝的运输

(1)白铁皮箱或木桶装运

白铁皮箱、木桶的优点是既可作为收购、暂养的容器,又适于车、船运输及装卸、换水等,而且操作管理比较方便,从收购、运输到销售不需要更换容器,既省时又省力,所以通常采用白铁皮箱或木桶装运。白铁皮箱一般用锌白铁皮做成长方形或正方形,规格一般为 100 厘米×60 厘米×30 厘米的长方体,或 40 厘米×40 厘米×40 厘米的正方体。其上部加盖,盖上钻有一定数量的通气孔。木桶的规格是圆柱形,用 1.2～1.5 厘米厚的杉木板制成(忌用松板),高 67 厘米,桶口直径 50 厘米,桶底直径 46.7 厘米,桶外用铁丝打三道箍。在上口箍两侧各装一个耳环,便于搬运。桶口用同样的杉木板做盖,盖上有若干条通气缝。水温在 25℃以下,运程在 1 天之内,装黄鳝 25～30 千克,加水 20～25 千克为宜;当天气比较闷热时,每箱或桶的装运数量应减至 15～20 千克。途中的管理工作,主要是定时换水,经常搅拌。气温较高时,每隔 2～3 小时就需换一次水,换水以清洁的活水为好。

(2)干运

所谓干运是指运输时鳝在容器中不加水,但要保持湿润。若在 24 小时内可到达目的地,则可采用篾篓藤筐或有筛孔的塑料筐贮运,盛装量为全容积盛装量的 1/2,装后上面盖上一层水草即可。若遇炎热天气,则可在容器上放一大冰块,以保湿降温。

(3)尼龙袋充氧运输

每袋装 10～15 千克,加水淹没鳝体,充氧后紧扎袋口运输。一般多因黄鳝数量少,才采用此法进行空运。

(4)船运

如果黄鳝数量较多,运输途中时间在 24 小时内,又有水路通航时,则可直接用机帆船船舱装运。黄鳝和水的比例为 1∶1,即 1 千克黄鳝 1 千克水。这种装运方法,不但运费低,而且成活率高,可达 95%以上。用船舱运鳝时,要注意以下几点:一是盛装鳝鱼(包括水)的重量不能超过实际载重量的 70%。船底要平坦,船边要高,最好有舱盖。另备能插入舱底的篾筒一个,筒径以便于换水操作为宜。二是凡运过柴油、桐油、茶油及其他油类的船或当年上过桐油的船,均不能载运黄鳝。凡运过石灰、食盐、烟叶、化肥、农药等有毒或有刺激性物质的船只,必须彻底清洗干净,否则不能装运。三是舱内四周设置一圈扶手,以便于专人抄搅黄鳝,抄搅时可赤脚进行,但要防止脚趾甲划伤鳝体。四是装黄鳝时水中投放一些可漂浮的水草,以支撑鳝体。如发现鳝头部下垂,口吐白沫,就及时换水。最好有一小水泵,插入篾筒中抽水,进水时要注意航道水源有无污染,污水不能入舱。

如运输距离较远,则可用运活鱼的活水船装运。装运容器一般为用薄钢板、白铁皮或玻璃钢制作的长方形箱。

2. 种苗的运输

种苗运输基本与商品鳝的运输原则和方法相同,其不同点如下:

(1)装容量

装容量一般减少 1/3～1/2。

(2)投药要求

水体中只可投喂增氧剂和硫酸铜溶液,不可施用抗生素及兴奋剂。

(3)换水要求

换水温度的温差要严格控制,最高不可超过±3℃。如果超过这一温差,则只许每次更换 1/4～1/3 的水。

(4)搅拌要求

搅拌时要求动作特别轻、慢。

(5)运输工具

同商品鳝的运输,如果作随身携带,则可采用木桶、塑料桶等。

(6)带泥运输

带泥运输更安全,一方面由于泥巴支撑鳝体,减少黄鳝体力消耗,另一方面池泥对水体恶化的缓冲能力强。另外,泥中也可加入增氧剂、硫酸铜等,使其缓冲作用更强,安全性更高。

第十二章　黄鳝的越冬保种

一、收捕黄鳝

人工养殖黄鳝，越冬前（11 月份左右）要进行收捕清塘。收捕方法有：

（1）鳝笼诱捕

放竹制鳝笼（入口有倒竹刺、黄鳝易入难出）若干，内放猪肝、虾、蚯蚓等作诱饵，置塘四周或底部，夜置晨取，约可收捕池中 80％以上的黄鳝。

（2）网片诱捕

用 2～4 $米^2$ 的网片置于水中，网片正中置黄鳝喜食的饵料，随后盖上芦席或草包沉入水底，约 15 分钟后，将四角迅速提起，掀开芦席或草包，便可收捕大量黄鳝，起捕率可高达 90％左右。

（3）干池挖捕

越冬前，趁黄鳝大多还潜伏在泥土表层时，可将塘水排干，翻泥捕鳝。挖捕黄鳝一般在越冬前 11 月份的晴天进行为好。

二、选留亲鳝

留作繁殖用的雌雄亲鳝至少要在 1 冬龄以上，且体质健壮无病伤，活动迅速，体色鲜艳。雌亲鳝体长 20～30 厘米，雄亲鳝体长约 40 厘米。雌雄选留比例以 2∶1 为宜。翌年 3～4 月份可对选留的亲鳝进行强化精喂，使可产卵繁殖。

三、留足鳝种

收捕黄鳝时，除销售一部分增收外，还要根据来年生产的规模留足小黄鳝作苗种，一般每平方米池塘要准备规格 25 克左右的小黄鳝 5～6 千克，留到来年饲养。鳝种应选择背呈金黄色或略呈棕黄色、健康无病伤的小黄鳝。

四、越冬方法及管理

当年 11 月至次年 2 月是黄鳝的越冬期，须对黄鳝严加保护使其顺利越冬。黄鳝越冬方法主要有：

1. 带水越冬

将黄鳝池保留一定水位，以保证池底不结冰。黄鳝可潜入池底土洞穴深处越冬。若气温较高，黄鳝白天还可出洞呼吸或捕食。

2. 排水越冬

将池水排干，保持池内土壤湿润。为防冰冻，可在池面上盖一层稻草、草包等保暖防冻。此法可适用于春节前后要进行收捕的黄鳝池。

黄鳝的越冬管理要求有 3 点：草中无鼠，泥面无水，坑中有水。

草中无鼠：黄鳝池的泥土上常覆盖一层稻草或草包保温，而寒冷的冬季，不少动物喜欢将草为巢，如鼠、猫、黄鼠狼等。这类动物嗅觉极为敏锐，只要一旦选中以黄鳝池为巢就免不了挖鳝为食。为防止这些敌害，可在黄鳝池上覆盖细网或遮阳网等，使其安全越冬。

泥面无水：一般只要池面稻草无冰冻状况，泥面就不会冰冻。一旦泥面冰冻，冻土隔绝了黄鳝池载体与空间的气体交换作用，会导致黄鳝缺氧而苏醒，并出现骚动不安，甚至向上窜动，增加了耗氧量，最后窒息而亡。为解决该问题，一方面要及时破冰通氧，另一方面须进一步除去泥面积水，在池面上加盖一层稻草，保温防冻。

坑中有水：是指鳝池的进水缓冲坑保持有一定的水位。黄鳝越冬是靠皮肤渗透孔和侧线孔及泄殖孔进行微呼吸运动的，这一呼吸作用是靠黄鳝体内体液和体外黏液作载体进行交换来完成的。黏液离不开水，但对水的需要量不是很大，只要载体的含水率达 60％即可满足黄鳝这一需要。

有的养殖户采用深水越冬法，就不存在上述问题。但是一定要注意池中水深不能低于 50 厘米，另外，水面上可放些水草、浮萍等，结冰时要敲开冰层透气，这样，既能保持池底温度，又能保证池水含有一定的溶氧量，以达到理想的越冬管理效果。

第十三章　黄鳝活饵的人工培育法

黄鳝喜食的活饵能人工培育的，主要有蚯蚓、蝇蛆、黄粉虫、丝蚯蚓、福寿螺、河蚌等。现介绍蚯蚓、蝇蛆、黄粉虫、丝蚯蚓的培育法如下。

一、蚯蚓的培育

蚯蚓是黄鳝特别喜食的饵料，一般钓黄鳝都是用蚯蚓作诱捕饵。蚯蚓又叫曲鳝、地龙，属环节动物门、寡毛纲的陆栖无脊椎动物。蚯蚓富含蛋白质，据对赤子爱胜蚓分析，干体粗蛋白61.93%，粗脂肪7.9%，碳水化合物14.2%。其粗蛋白含量略低于鱼粉，粗脂肪含量高于鱼粉。因此，开展蚯蚓养殖，正是解决黄鳝等特种水产品养殖所需蛋白质饵料的有效途径。同时，可提供药用，改良土壤，并能获得优质的有机肥料和解决部分公害问题。蚯蚓的培育技术要点如下。

1. 饲养场所的选择

蚯蚓喜温，喜湿，喜安静，怕光，怕盐，为夜行性动物。适宜温度为5～30℃，最适温度在20℃左右，32℃以上停止生长，10℃以下活动迟钝，5℃以下处于休眠状态。蚯蚓生长繁殖的环境，以中性或微酸、微碱性为宜。蚯蚓饲养场所应遮阴避雨，避免阳光直射，排水方便，通风良好，温度适宜，环境安静，无煤烟和农药污染，并能防止鼠、蛇、蛙、蚂蚁的危害。既可在室外饲养（青饲养地、果园或杂边地），也可在室内饲养（水泥池养殖床、多层式箱养、盆养）。室内工厂化养殖，适宜养殖赤子爱胜蚓和红蚓，室温控制在18～28℃，可保证全年连续生产。

养殖池四周用砖砌墙，水泥抹缝，底面稍倾斜，较低一侧墙脚设排水孔，以便饵料中多余水分排出。饲养威廉环毛蚓的池，墙高60厘米，面积5米^{2}左右为宜；饲养赤子爱胜蚓的池，墙高40厘米，面积3米^{2}左右为宜。池底铺上15厘米厚的熟土，上面盖20厘米厚的基料。养殖床四周设宽30厘米、深50厘米的水沟，既可排水，又可作防护沟。

2. 培育基料的制备

基料是指发酵熟化、能供蚯蚓生存和营养的基础料，称之为基料。基料中的各种成分要拌和均匀，营养一致，使质地疏松，呈咖啡色，pH在6.8～7.6。

培养基料包括粪料和草料。粪料如牛、马、猪、羊、兔粪和适量鸡粪(亦可用食品下脚料、烂菜、瓜、果等)占基料的70%。草料如杂草及各种树叶，占基料的30%。亦可用生活垃圾堆制。

堆制方法是在堆料前，将干草料用水浸泡。干粪也要用水拌湿，做到干湿均匀，料温高，发酵快。堆料开始，地上先铺一层干草料，厚6～8厘米，然后铺上粪料3～5厘米。这样连续铺上3～5层，边堆料，边分层浇水，第1层粪草上下要浇水，以后每层粪草铺好后随即浇水，下层少浇，上层多浇，水要浇在草上。

另一种用湿粪堆制发酵，将没有晒过的粪和干草一起堆制发酵。堆制后，第2天堆温上升，4～5天后堆温，可以上升到75～80℃。以后逐渐下降，当降到60℃时，进行翻堆，重新堆制。约7天后，第2次翻堆，以后间隔5天、4天、3天，翻堆一次。

一般堆期30天左右。在翻堆时宜适当浇水，避免基料过干。

3. 饲料的制作

饲料种类有粮食下脚料、麦麸、米糠、牲畜粪便、豆科植物等蛋白质含量高的成分，以及烂水果、植物茎叶等纤维素含量高的成分。蚯蚓的饲料是经发酵熟化、无不良因素、有机质已分解、易被吸收、能不断供给蚯蚓营养的添加料。因此，蚯蚓饲料必须经发酵熟化。亦可直接用牛、马、猪、鸡等的粪便堆制发酵，或用粪肥70%，作物秸秆或青草20%，麦麸10%，混合均匀后，粉碎堆制发酵。

无论是基料或饲料，都必须充分腐熟分解，无不良气味，呈咖啡色时才能使用。

4. 养殖蚯蚓的种类

目前用于养殖的蚯蚓种类有以下两种：

(1)威廉环毛蚓

这种蚯蚓适应性强，个体较大，但繁殖率低。体长150～250毫米，背面青黄、灰绿或灰青色(俗称青蚓)，常栖息于菜园、苗圃、桑园等地。

(2)赤子爱胜蚓

这种蚯蚓食性广，繁殖率高，适应性强，生活周期短，是国内外重点研究养殖的种类，如大平二号、北星二号都属赤子爱胜蚓。体重0.4克左右即性成熟，在良好的条件下，全年可产卵茧。成蚓体长90～150毫米，背面及侧面橙红色，腹部略扁平。喜栖息于腐殖质丰富的土表层。

日本大平二号蚯蚓适应性强，繁殖快，个体小，肉质比例高。人工养殖年内繁殖增重达万倍以上，每立方米基料年产蚯蚓可达40多千克。每平方米的基料年产蚯蚓可达15千克。人工养殖大平二号蚯蚓是提供鱼用蛋白质的好途径。

5. 饲养管理

(1)饲养密度

在适宜的条件下，青蚓饲养密度每平方米1 500～2 000条，赤子爱胜蚓为每平方米2万～3万条。

(2)投饵方法

上投法:此法适于补料。当观察到料床表层的饵料已粪化,即将新饵料撒在原饵料上面,5～10 厘米厚。经 1～2 昼夜,蚯蚓很快投入新饵料层活动并采食。经数次补料后,形成饵料床。

下投法:将原饲料从床位内移开,新饲料铺在原来床位内,再将原饲料(连同蚯蚓)铺在新料之上,保留一个空床。在补料时,采用一翻一的作业法逐个翻床投喂。

侧投法:在原饲料床两侧平行设置新饲料床,经两三个昼夜或更长时间后,成蚓自行进入新饲料床。此法适用于原饲料床内已存有大量蚓茧或幼蚓,或原养殖床已堆积到一定高度,而且大部分饲料粪化时,此法适用于将蚓种诱出,使成体蚓茧和幼蚓分开,养殖与孵化分开。

(3)投饵量

蚯蚓的养殖周期,以 4 个月为一期,一天的投饵量通常相当于蚯蚓自身的体重。一条成蚓的体重一般为 0.4 克。若 1 万条,一天约吃 4 千克饵料。随着不断繁殖增长,饵料相应增多。投料时间:可隔天投喂一次或数天投喂一次,第 1 天投饵量应等于蚯蚓的总重量。隔天投喂,饵料量等于蚯蚓的 2 倍。数天投喂,饵料量约接近于蚯蚓的数倍。

(4)日常管理

蚯蚓生活史,包括繁殖期、卵茧期、幼蚓期和成蚓期。日常管理工作,包括各生长阶段的饲料投喂、调整饲养密度、保持温度及清理蚓粪。前期幼蚓个体小,活动弱,饲养密度每平方米 5 万～6 万条。后期幼蚓个体长大,活动增强,应扩大养殖面积,每平方米 2 万条左右。成蚓性已成熟,应挑选发育健壮、色泽鲜艳、生殖带肿胀的蚯蚓,更新原有繁殖群体。每年 3～7 月份和 9～11 月份是蚯蚓的繁殖旺季,饲料中应增加优质、细碎的饲料。饲养过程中保持温度为 60%～70%。

6. 蚓粪的清理

清理蚓粪的目的是减少饲床的堆积物，清除环境污染并收获产品。蚯蚓粪一般在表面下 15 厘米范围内。当床内饲料已全部粪化，即可清除。清理时，要使蚓体与蚓粪分离，对早期幼蚓可利用其喜食高湿度新鲜饲料的习性，以新鲜饲料诱集幼蚓。对后期幼蚓、成蚓和繁殖蚓，可用机械和光照及逐层刮取法分离，即用铁爪扒松饲料，辅以光照，蚯蚓往下钻，再逐层刮取残剩饲料及蚓粪，最后获得蚯蚓团。

二、蝇蛆的培育

蝇蛆也是黄鳝喜食的饲料，培育 1 千克鲜蛆的成本为 0.50 元左右。在常温下，从孵化到提取蝇蛆约需 4 天。据测定，鲜蛆含粗蛋白质 12.9％，粗脂肪 2.61％，并含有鱼类所必需的氨基酸、维生素和无机盐。因此，无论直接投喂或干燥打成粉，制成人工颗粒饲料投喂均可。

1. 蝇蛆的来源

可向一些已引进家蝇的单位购买，如北京药用动物研究所等。

2. 蝇蛆的生活习性

家蝇在室温 22～32℃及相对湿度 60％～80％时，蛹经过 3 天发育，由软变硬，由米黄色、浅棕色、深棕色变成黑色，最后成蝇从蛹的前端破壳而出。刚爬出的成蝇，1 小时后即展翅飞翔。成蝇 3 天后性成熟，6～8 日龄为雌蝇产卵高峰期，到 15 日龄基本推动产卵能力。蝇卵经半天至 1 天卵化成蛆，蛆在猪、鸡粪中培育，一般第 5 天变成蛹。

3. 蝇蛆培育场地

被遗弃的禽、畜养殖房，旧保管室均可，但门窗必须关闭严实，光照要理想。

4. 饲养种蝇设施

用长、宽、高为70厘米×40厘米×10厘米的敞口盒状容器，作蝇蛆培养盘。另需准备竹制(或木制)多层蛆盘存放架、羽化缸、蝇笼、普通称料秤、拌料盆等。

5. 种蝇的饲养管理

种蝇的饲养管理要注意以下几个方面：一是将蝇蛹用清水洗净，消毒，晾干，盛入羽化缸内，每个缸放置蛹5 000粒左右，然后装入蝇笼，待其羽化。这样，每只蝇笼的家蝇数量即可控制在5 000只左右。二是待蛹羽化(幼蛹脱壳而出)5%左右时，开始投喂饵料和水。三是种蝇的饵料可用畜禽粪便，打成糨糊状的动物内脏，蛆浆或红糖和奶粉调制的饵料。如果用红糖奶粉饵料，每天每只蝇用量按1毫克计算。室温在20～30℃时，可一次投足，超过此温度时分两次添加，饵料厚度4～5毫米为宜。四是种蝇开始交尾后不得超过2天，即应放置产卵缸入蝇笼。五是接卵料采用麦麸加入0.01%～0.03%浓度的碳酸铵水调制，湿度控制在65%～75%，混合均匀后盛在产卵缸内，装料高度为产卵缸的2/3，然后放入蝇笼，集雌蝇入缸产卵。每天收卵1～2次，每次收卵后将产卵缸中的卵和引诱剂一并倒入培养基内孵化。六是每批种蝇饲养20天后即行淘汰。其方法是移走饵料和水，约3天种蝇即被饿死。七是淘汰种蝇后的笼罩和笼架，应用稀碱水溶液浸泡消毒，然后用清水洗净晾干。八是为达到均衡生产种蝇的目的，应分级饲养，分批淘汰，及时补充。

6. 蝇蛆的饲养管理

蝇蛆的饲养管理要注意4个方面：一是培养基的选择，蝇蛆以发酵霉菌为食料，麦麸是较好的发酵霉菌培育材料，将麦麸加水拌匀，使其湿度维持在70%～80%，盛入培养盘。再将卵粒埋入培育基内，让其自行孵化。一般每只盘可容纳麦麸3.5千克。二是按每只盘平均日产蛆 0.5 千克，设计培养盘的数量。三是放卵量的计算，卵粒重 0.1 毫克，2 克卵约 2 万个卵粒，可产鲜蛆 0.5 千克，一个培养盘约可置卵 8 克。四是随着蛆的生长和麦麸的发酵，盘内温度逐步上升，最高可达 40℃以上，这会引起蝇蛆死亡，因此要注意降温。

三、黄粉虫的培育

黄粉虫营养价值很高。据报道，黄粉虫含蛋白质 47.68%，脂肪 28.56%，碳水化合物 23.76%。生产上可以代替蚯蚓、蝇蛆作为黄鳝的活饵料。黄粉虫养殖技术简单，一人可管理几十平方米养殖面积，并可立体生产。黄粉虫无臭味，成本低，可以在居室中养殖。1.5～2 千克麦麸可以养成 0.5 千克黄粉虫。

1. 生活习性

黄粉虫在 0℃以上可以安全越冬，10℃以上可以活动吃食。在长江以南，一年四季均可繁殖。在特别干燥的情况下，黄粉虫尤其是成虫有互相残食的习性。黄粉虫幼虫和成虫昼夜均能活动摄食，但以黑夜较为活跃。成虫虽然有翅，但绝大多数不飞跃，即使个别的能飞跃，也飞不远。成虫羽化后 4～5 天，开始交配产卵。交配活动不分白天黑夜，但夜里多于白天。一次交配需几小时，一生中多次交配，多次产卵，每次产卵 6～15 粒，每只雌成虫一生可产卵 30～350 粒，多数为 150～200 粒。卵粘于容器底部或饲料上。成虫的寿命为 3～4 个月。

卵的孵化时间随温度高低差异很大，在 10～20℃时，需 20～25 天可孵出，在 25～30℃时只需 4～7 天便可孵出。为了缩短卵的孵化时间，尽可能保持室内温暖。幼虫经过 17～19 眠，75～200 天 的饲养，一般体长达到 30 毫米，体粗达到 8 毫米，最大个体长 33 毫米，粗 8.5 毫米。幼虫活动的适宜温度为 13～32℃，最适温度为 25～29℃，低于 10℃极少活动，低于 0℃或高于 35℃，有被冻死或热死的危险。幼虫很耐干旱，最适湿度为80%～85%。末眠幼虫化为蛹，蛹光身睡在饲料堆里，并无茧包被。蛹有时自行活动，将要羽化成虫时，不时地左右旋转，几分钟或十几分钟便可脱掉蛹衣羽化成虫。蛹期较短，温度在10～20℃时，15～20天可羽化；温度在25～30℃时，6～8天可羽化。

黄粉虫属杂食性，五谷杂粮及糠麸、果皮、菜叶等均可作饲料，人工饲养主要喂食麦麸、米糠和菜叶等。

2. 培育方式

黄粉虫的培育技术比较简单，根据生产需要，可进行大面积的工厂化培育或小型的家庭培育。

工厂化培育：这种生产方式，可以大规模地提供黄粉虫作为饵料，适合黄鳝的养殖需要。工厂化养殖的方式是在室内进行的。饲养室的门窗要装上纱窗，防止敌害进入。房内安排若干排木架（或铁架），每只木（铁）架分3～4层，每层间隔50厘米，每层放置一个饲养槽，槽的大小与木架相适应。饲养槽可用铁皮或木板制成，一般规格为长2米，宽1米，高0.2米。若用木板做槽，其边框内壁要用蜡光纸裱贴，使其光滑，防止黄粉虫爬出。

家庭培育黄粉虫：可用面盆、木箱、纸箱、瓦盆等容器放在阳台上或床底下养殖。容器表面太粗糙的，在内壁裱贴蜡光纸即可使用。

3. 饲养及其投喂法

人工养殖黄粉虫的饲料分两大类：一类是精料，即麦麸和米糠；另一类是青料，即各种瓜果皮或青菜。

精料使用前，要消毒晒干备用，新鲜麦麸也可直接使用。青料要洗去泥土，晾干再喂。不要把过多的水分带进饲养槽，以防饲料发霉。发霉的饲料最好不要投喂。

4. 温度与湿度

黄粉虫是变温动物，其生长活动、生命周期与外界温度、湿度密切相关。各态的最适温度和湿度见表9。

表9 黄粉虫各态最适温、湿度

虫态	卵	幼虫	蛹	成虫
最适温度(℃)	19～26	25～29	26～30	26～28
最适湿度(%)	78～85	30～85	78～85	78～85

如温度和湿度超过这个范围，黄粉虫的各态死亡率就高。夏季气温高，水分易蒸发，可在地面上洒水，降低温度，增加湿度。梅雨季节，湿度过大，饲料易发霉，应开窗通风。冬季天气寒冷，应关闭门窗在室内加温。

5. 饲料虫的处理

黄粉虫除留种外，无论幼虫、蛹还是成虫，均可作为活饵料和干饲料。幼虫从孵出到化蛹3个月左右，此期间虫的个体由几毫米长到30毫米，均可直接投喂黄鳝。生产过剩的可以烘干保存。

四、丝蚯蚓的培育

1. 分布

丝蚯蚓广泛分布于淡水水域，在污水沟、排污口、码头附近特别多，每平方米可达0.45千克。

2. 采捕与运输

捕捞工具：主要工具是由网身、网框、捞柄组成的长柄抄网。网身长1米左右，长袋状，网目为24目，网口梯形，两腰长40厘米左右，上、下底分别长15厘米、30厘米。捞柄直径4～5厘米，长2米左右。

捕捞方法：一般要求在平坦、少砖石、水流缓慢、水深10～80厘米的地方捕捞。作业时，人站在水中用抄网慢慢捞取表层浮土，提取洗净袋内淤泥，然后倒出丝蚯蚓。一般劳力每人每小时可捕50多千克。

运输：短途运输用箱装，箱长0.63米，宽0.46米，高0.1米，四周为木板，箱底用聚乙烯布绷紧，装运密度为3～4千克。途中要经常浇水，严防日晒和风吹。长途运输用尼龙袋充氧运输。运前先在微流水里，暂养2～3天，使肠道排净，然后运输。

3.人工培育

选地造池：选水源良好的地方建池，池宽1米，长5米，深20厘米，池底敷三合土，两端分别设一排水口、进水口。

制备培养基：选择有机腐质碎屑丰富的泥作培养基原料。培养基厚10厘米，基底每平方米加2千克甘蔗渣。然后注水浸泡，每平方米施入6千克牛粪或猪粪作底肥。下种前，每平方米再施入米糠、麦麸、面粉各1/3的发酵混合饲料150克。

下种：每平方米放入丝蚯蚓种250～500克。

管理：丝蚯蚓一年四季都可以繁殖，为雌雄同体异体受精。一年中以7～9月份繁殖最快，其生长、繁殖适温为20～32℃。水深保持在3～5厘米，水质要清新，溶氧要丰富。池内最好保持细水长流。pH以5.6～9为宜。投饲时应停止进水，每3天投一次即可。每次投喂以每平方米0.5千克精饲料，与2千克牛粪稀释均匀泼洒。投喂饲料要经16～20天的发酵处理。在适宜的环境条件下，丝蚯蚓的每天繁殖量是以倍数的形式进行的。一般下种30天左右即可采收。采收方法：头天断水或减少水流，迫使培养池中缺氧，此时水蚯蚓群聚成团漂浮水面，就可用24目的聚乙烯布捞取。一般日采收量每平方米可达50～80克。

第十四章　黄鳝的囤养技术

自己捕捉的黄鳝或当黄鳝大量上市时、价格有所下跌时收购的黄鳝，进行囤养、育肥，到价格上扬时、冬季或春节期间出售，达到增收的目的效益相当显著，不为是一条致富的好途径。但由于囤养的技术不恰当，往往事与愿违，黄鳝入池后，不到10天就开始大量死亡，1个月左右就死去多半甚至所剩无几，不但赚不到钱反而会造成巨大的损失。

其实，囤养黄鳝要取得成功，只要我们对照黄鳝的生物学特性，而想方设法创造出符合其生物学特性的环境，采用有针对性的措施，也是很容易达到较为满意的效果的。比如：黄鳝的适宜水温是1～30℃，那么我们就有必要在养殖池内投入几支温度计，对黄鳝的养殖水温进行监测，尤其是在暴热暴冷的时候，我们更应加以重视。黄鳝喜欢阴暗的环境，我们就要努力创造阴暗的水下环境，让黄鳝能安静地栖息于水草之中。黄鳝在极度饥饿的情况下有大吃小的现象，我们就要想法投喂适宜黄鳝采食的足量饲料并尽可能进行大小分养。黄鳝善于逃跑，我们就应设计一些防逃设施并经观察确认有效。

要获取丰厚的囤养利润，我们可以从以下3个方面着手：一是赚取规格差。我们通过投喂饲料，将收购的小规格黄鳝养成达到大规格黄鳝的标准。二是赚取生长利润。一般收购囤养的季节为每年的4～9月份，一般可增重1～2倍，从增重上，我们也可获得可观的利润。三是赚取季节差。将一般简单的储存改为正常投料养殖，不会导致黄鳝掉肉，即投放时的重量不会减少，而且还会有可观的增重。目前季节差价虽然较小，但我们囤养的黄鳝由于采用了科学的投料养殖，没有掉肉导致的重量损失，还是可以稳稳当当地获得一笔可观的收入的。结合以上 3 个方面，搞真正意义上的黄鳝暂养，其利润还是较为丰厚的。

暂养黄鳝也有失败的，据我们观察一般暂养黄鳝失败主要有以下 3 个方面的原因：一是采购黄鳝的途径不正确。黄鳝在 32℃ 以上时只需 2 小时即可使黄鳝的生理功能紊乱而出现发烧病。市场上出售的黄鳝，一般都经历过长时间超高密度的不科学存放，一般多数均已“发烧”。而“发烧病”是无药可治的，使用药物最多只能起到一定的缓减作用。而从市场上采购黄鳝来进行暂养是不少初养者的一贯方法，也是导致养殖失败的一个重要原因。二是未经观察筛选。收购来的黄鳝其来源一般都非常复杂，有笼捕的、手捉的、电捕的、毒捕的、钓捕的等。有的黄鳝在捕捉者出售之前就曾经历过长时间高密度存放，从而也有“发烧”的可能。一般我们应将其投入观察池进行观察，而将举止行动异常及体表伤势较重的黄鳝及时剔出上市，对池中死鳝应及时捞出。否则，死鳝、病鳝大量污染水质，环境恶化会导致黄鳝的大量死亡，从而导致囤养的失败。三是养殖方式不科学。池中无泥无草或仅有泥土而无任何遮阴措施。没有水草却又池水过深，建池不科学，缺乏必要的防逃及排灌设施，投喂米糠、豆饼等黄鳝根本不吃的饲料，且大小全部混养，从而导致黄鳝在极度饥饿的状态下出现大吃小，种种不科学的养殖方式使残存的部分黄鳝再度因逃跑、死亡、互相残食等而减少，从而以失败告终。

一、囤养池的建造

囤养一般在水泥池和土池中进行。囤养池应选择地势较高，排灌水方便，水源充足，水质好无污染的地方建造，池形一般为方形或长方形，面积以 10～15 米^2 为佳，池深 1～1.2 米为宜，水泥池要求内壁光滑，壁顶有倒檐，进排水口用牢固的密网布封罩，池底铺设有机质较多的土壤，以灰褐色土壤为好，可以从土质较肥沃的稻田中挖取，软硬要适中，稍带黏性，再铺设石块、瓦片、树根等做成人工洞穴，以供黄鳝穴居，也便于捕捉。

二、收购与放养

用于囤养的黄鳝，不论是市场收购的、野外捕捉的还是当年自行养殖的，都要来源清楚，无伤无病、体质健壮，规格以每千克 8～10 尾为佳，用钩诱捕的、电瓶捕捉的不宜囤养。黄鳝入池前先进行彻底的消毒，囤养的密度控制在每平方米 10 千克左右，不宜过大，每池放养的个体之间的规格要求相对整齐，不能有悬距。

三、生产管理

饵料的投喂：饵料质量要高，多喂些黄鳝喜食的鲜活的动物性饵料如：蚯蚓、蝇蛆和河蚌等，投喂量要充足，并根据摄食、天气、水温等情况及时进行调整，总的原则是晴天多投，阴雨天少投或不投，水温高多投，水温低少投或不投。

生产管理：囤养池相对密度较大，水质易恶化，一般 3～4 天必须换水一次，要及时清除池中杂物、残饵及排泄物，力保水质清新无污染。做好防浮头工作，黄鳝往往会因为缺氧而窜出洞穴，群集水体上层散乱游动，或将头伸出水面，鼓起口腔直接呼吸空气，一旦发现要及时加注新水。同时要经常检查进排水防逃网是否有破损，如有损坏应及时修复，遇暴雨天气雨水大量进入时要防止黄鳝借水流逃跑。

病害防治：做好疾病的预防工作，定期对水体进行彻底的消毒、杀菌，一旦发病要及时取出病鳝，准确诊断，及时对症下药。

及时分池：黄鳝有相互残杀的习性，要定期进行大小规格的黄鳝分池，减少相互残杀的机会。

四、销售

一旦出现市场价格上扬、规格达到上市要求、池塘密度过大等情况就及时捕捞上市，不可长时间压在池中，否则极易会造成不必要的损失。

第十五章　黄鳝养殖经济效益分析

养殖方式不同要求的技术、投入、产量也各不相同，产生的经济效益就会存在着一定的差距。通常效益状况：

1.池塘养殖产量在20～30千克/亩，产值近千元

实例　江苏省泗洪县魏营镇周志安在鱼池中套养黄鳝，以肥水鱼为主，1998年2月每亩放养鱼苗400尾，其中白鲢占50%、花鲢占20%、草鱼占15%、异育银鲫占15%（规格较大，达10尾/千克）；5月份投放30尾/千克的鳝种15千克、泥鳅和麦穗鱼20千克。年终不干池，以网捕为主。1999年8月开始捕捞黄鳝，平均规格150克/尾，最大300克/尾，最小50克/尾，结果由原来亩产成鱼250千克，产值1 200元，纯利400元，提高到亩产成鱼300千克、大规格黄鳝30千克，仅黄鳝一项就达近千元的收入，利润可观。

2.稻田养殖的产量在100千克/亩左右，效益在1 500元/亩以上

实例　江苏省水产技术推广站在兴化市进行稻田养殖黄鳝试验，取得了良好的效果。选择3块1 300米^{2}稻田，水源充足、水质清新无污染、进排水方便，防逃设施齐全、牢固。每块田沿田埂开一条环沟，田中间开有与环沟相通的十字厢沟，沟宽50厘米，深25～30厘米，进出水口有金属网拦挡，防止逃逸。

6月份每亩稻田放养平均规格尾重50克的鳝种2 000尾，投喂的饲料主要有小杂鱼、虾、蚌、蚯蚓、蝇蛆、蚕蛹、切碎的畜禽内脏及下脚料，并适当搭配麸皮、饼类、豆渣等。

11月份开始起捕，共收获黄鳝770千克，平均亩产黄鳝128.3千克，总收入32 340元，总成本14 400元，其中鳝种4 500元、饲料6 900元、其他开支3 000元，平均亩产值5 390元、亩效益2 290元，效益十分显著。

3. 网箱养殖产量一般在4千克/米^{2}左右，效益在50～100元/米^2

实例 江苏省宜兴市高塍镇进行黄鳝高效网箱养殖，试验网箱10只，规格3米×5米×1.2米和4米×5米×1.2米各5只，聚乙烯做成。网箱内种植90％面积的水花生，7月上旬放种结束。放养情况见表10。

表10 放养情况

箱号	面积（米^2）	放养数量（尾）	放养规格（克/尾）	放养密度（尾/米^2）
1～5	75	1 275	100	17
6～10	100	7 800	25	78

收获情况见表11。

表11 收获情况

产 量	成活率（％）	尾数	规格（克/尾）	总产量（千克）	单产（千克/米^2）
1～5	94	1 198	225	264	3.52
6～10	88	6 864	52.6	361	3.61

效益分析：

黄鳝总产量625千克，产值25 000元，成本9 495元，其中鳝种5 600元、网箱1 600元、饲料1 260元、塘租500元、药物及其他535元，平均每平方米网箱产值142.86元，净利润88.6元。投入产出比1∶2.63。

4. 工厂化养殖产量在10千克/米^2，效益在150元/米^{2}以上

实例 2003年江苏省宿迁市水产科技示范园开展了无土流水养殖黄鳝试验，鱼池20个，每个12米^2，均是用水泥与砖砌成，有方便的进排水管道和牢固、安全的防逃设施。放养前对鱼池进行浸泡5～7天。

4月份每平方米放养规格尾重50克的鳝种4千克，鳝种之间规格相近，差异很小。放养后先进行驯化、引食，逐步过渡到完全使用人工配合饲料。养殖过程中为了防止个体之间生长上出现差异造成大吃小的现象发生，每月分池一次，大小分开。

2003年11月开始收获，总产黄鳝2 467.2千克，产值108 560元，成本45 000元，其中鳝种13 000元、饲料16 000元、水电费2 000元、人工10 000元、药物及其他支出3 000元，净利润53 560元，平均每平方米产值452元，净利润223元，投入产出比为1∶2.41，净增重倍数为1.57。

第十六章　有关黄鳝养殖的问答

一、哪些地方适宜修建养鳝池？

规模饲养，应选择通风、向阳、水源充足、水质无污染、排灌方便、较为安静和交通便利的地方建造养鳝场。小面积家庭饲养，则可利用房前屋后空地，旧粪坑、低洼地和废蓄水池等改建或在楼房屋顶上建池养殖。

二、黄鳝对温度有何要求？

黄鳝属冷血变温动物，其体温会随环境温度的变化而变化。适宜黄鳝生存的水温为 1～32℃，适宜黄鳝生长的水温为 15～30℃，最适黄鳝生长繁殖的水温为 21～28℃，此时摄食活动强，生长较快。水温低于 15℃时，黄鳝吃食量明显下降，10℃以下时，则停止摄食，随温度的降低而进入冬眠状态。当水温超过 30℃以上时，黄鳝行动反应迟钝，摄食停止，长时间高温或低温甚至引发黄鳝死亡。黄鳝具有自行选择适温区的习性，当所栖息的环境水温不适时，黄鳝会自动寻找适宜的区域，当长时间找不到适宜生存的水温环境，就会致使黄鳝的生理功能紊乱，诱发疾病甚至死亡。在高温状态下，黄鳝频繁伸头出水面呼吸空气，因此，水面气温过高(高于 32℃)同样会对黄鳝的正常呼吸产生不良影响。此外，黄鳝对水温的骤然变化也非常敏感，因而在人工养殖中，若对水温调控不当时常会导致黄鳝患上感冒病。

三、黄鳝对水深有何要求？

当黄鳝在摄食、运动和气温较高时，它必须以呼吸空气中的氧气为主，而其体内却没有其他鱼类的鳔结构。因此，一旦水位过深，它必须消耗体力游到水表层呼吸，这显然不利于黄鳝的栖息，所以黄鳝一般栖息于浅水区。所以鳝池水深一般根据黄鳝的大小，以20～30厘米为宜。在深水区域里，如果有密集的水生植物漂浮生长，黄鳝便能借助水草而栖息于水面下30厘米以内的区域中，此时池水的深度对黄鳝的生活基本不造成影响。网箱养鳝时池水深达1～2米，土池养鳝池水深达1米而居然可以正常生长，这主要是漂浮于水面的水草给黄鳝栖息于接近水面的环境提供了方便。

四、养黄鳝必须要用泥土吗？

黄鳝依靠泥土打洞穴居是为了达到逃避敌害，避免高温和延续后代的目的，是长期自然选择形成的结果。但这一习性并非不能改变。实践证明，在养殖池中投放根须丰富的水草代替泥土，是完全可以使黄鳝放弃钻泥而乐意长期栖息于水草丛中。但笔者通过对其繁殖状况的对比，仍发现无土池中的黄鳝繁殖率不高，故建议大家在进行自然繁殖或半人工繁殖鳝苗时，仍采用有土池为佳。不过，只要我们不断地探索改进，相信不久的将来，无土繁殖终将取代有土繁殖。

五、黄鳝需要光照吗？

昼伏夜出是黄鳝的栖息特性之一，这一特性有利于逃避敌害，也是其机体自身保护的需要。据试验，将黄鳝置于没有丝毫遮阴物的水池中，同时保持水温不变，连续观察几天，黄鳝吃食活动并无异常。但持续10天以上的连续光照，黄鳝表现为烦躁不安，聚集池角翻转，发病率很快上升。这说明，紫外线对黄鳝具有伤害作用，在人工养殖中，我们应尽可能创造条件，让其在阴暗的环境下生活。

六、黄鳝喜欢吃什么样的饲料？

据试验，黄鳝敏感且最喜欢吃食的食物顺序依次是：蚯蚓、河蚌肉、螺肉、蝇蛆、鲜鱼肉等，黄鳝是以动物性饲料为主的杂食性鱼类。在不同的生长时期，黄鳝的食物组成有些不同：仔鳝吃食蛋黄、水丝蚓和蚯蚓；幼鳝吃食水丝蚓、蚯蚓、轮虫、枝角类、孑孓；成鳝主要摄食蚯蚓、小杂鱼、螺肉、蚌肉、小虾、蝌蚪、小蛙和昆虫等。为了解决饲料来源问题和提高增重，幼鳝和成鳝应尽可能及早驯化投喂人工配合饲料。

七、如何设置食台？

使用土池养鳝，投入的饲料沉入池底，黄鳝取食时常常把大量的饲料带入泥土，造成极大的浪费。因此，我们有必要设立专门的投料台。一方面可减少甚至避免饲料的浪费，同时也有利于让黄鳝养成一种定点取食的习惯。作食台的材料一般选用木板、竹压板、层板甚至竹席等均可，较小的池子要求其长宽不小于黄鳝体长的 1.5 倍，而对于较大的土池，则将 1 米^2 以上的板子直接沉入池底即可。对不易沉底的木板，可钻孔并在其下面绑上几块砖，使其安稳地置于池底。一般小池均设一个食台，较大的土池(30 米^2 以上)，可多设一两个食台。

八、黄鳝的生长速度有多快？

黄鳝的生长速度受品种、年龄、营养、健康和生态条件等多种因素影响，总的情况是，野生黄鳝在自然条件下的生长是非常缓慢的，综合各地的实验观察数据及我们的观察，一般 5～6 月份孵化出的小鳝苗，长到年底(吃食到 11 月份停止)，其个体体重仅 5～10 克；到第 2 年年底仅重 10～20 克；到第 3 年年底体重 50～100 克；到第 4 年年底体重 100～200 克；到第 5 年年底体重 200～300 克；到第 6 年年底体重 250～350 克；6 年以上的黄鳝生长相当缓慢。体重 500 克的野生黄鳝一般年龄在 12 年以上，且极为少见。国内有资料记载的最大的野生黄鳝为体重 3 千克左右。根据我们的养殖实践，采用优良的品种并配以科学的饲喂方法，5～6 月份孵化的鳝苗养到年底，单条体重可达 50 克左右，能够达到市场收购的大规格标准，完全实现当年养殖当年上市，若第 2 年继续养殖，则个体体重可达 150～250 克，第 3 年可达 350 克左右，400 克以上生长缓慢。

参考文献

[1] 徐在宽,潘建林. 泥鳅、黄鳝无公害养殖重点、难点与实例. 上海:科学技术文献出版社,2007.

[2] 陈焕根. 无公害黄鳝、泥鳅安全生产手册. 北京:中国农业出版社,2008.

[3] 王太新. 黄鳝养殖致富新技术与实例. 北京:海洋出版社,2008.

[4] 徐兴川,王权. 黄鳝健康养殖实用新技术. 北京:中国农业出版社,2006.

[5] 潘建林. 黄鳝规模养殖关键技术. 南京:江苏科学技术出版社,2002.

[6] 吴宗文,张发扬. 名特优鱼类养殖实用技术. 北京:中国农业出版社,1995.

[7] 韩名竹,史阳白. 黄鳝人工繁殖技术研究. 水产养殖,1998,(1):1-4.

[8] 潘建林,李澄清. 规模化黄鳝池塘网箱养殖技术初探. 水产养殖,1999,(5):3-5.

[9] 邹记兴. 黄鳝的人工繁殖技术及胚胎发育. 水产科技情报,1996,(1):27-30.

[10] 高志慧. 黄鳝养殖实用新技术讲座. 渔业致富指南,1999,(22):34-36.

[11] 陆德进,程国华. 静水无土生态养殖黄鳝技术. 中国水产,2010,(3):36.

[12] 柳富荣. 黄鳝鱼塘网箱高效生态养殖试验. 科学养鱼,2010,(2):32-33.

[13] 卓孝磊,邹记兴,崔科,等.外源性甲基睾丸酮对雌性和间性黄鳝性腺发育的影响.水生生物学报,2008,32(6).

[14] 周文宗,李洪涛,张硌,等.体重和温度对黄鳝最大摄食率的影响.水生生物学报,2008,6.

[15] 江河,胡王,侯冠军.池塘集约化网箱养鳝水质调控和病害防治技术研究.水生态学杂志,2008(5)140-145.

[16] 杨峰.浅析黄鳝出血综合症之成因及相应对策.科学养鱼,2008,(11):54-55.

[17] 黄小华,蒋大友.池塘网箱养殖黄鳝三种不同放养密度的效果对比试验.科学养鱼,2008,9(32-33).

[18] 吴仕根,涂洪流,张长明.黄鳝的仿自然繁育技术研究.科学养鱼,2008,(8):8-9.

[19] 黄辨非.黄鳝的半人工繁殖与苗种培育技术.科学养鱼,2009,(9):6-8.

[20] 阮国良,杨代勤.黄鳝规模化繁殖的研究概况.湖北农业科学,2009,(4):1008-1010.

[21] 程玉冰,曹永红,夏伦志,等.饲粮不同蛋白质原料和水平对黄鳝生长性能与肉质的影响.饲料工业,2009,(6):21-24.

[22] 常先苗.微孔增氧在池塘小体积网箱养殖黄鳝中的应用.科学养鱼,2009,(2):31-32.